零基础

学棒针编织

棒针花样巧应用

● 阿瑛 编著

人 民 邮 电 出 版 社

北 京

图书在版编目（CIP）数据

零基础学棒针编织 ： 棒针花样巧应用 / 阿瑛编著
. -- 北京 ： 人民邮电出版社, 2018.10
ISBN 978-7-115-48594-6

Ⅰ. ①零… Ⅱ. ①阿… Ⅲ. ①毛衣针－绒线－编织－图解 Ⅳ. ①TS935.522-64

中国版本图书馆CIP数据核字(2018)第134899号

内 容 提 要

棒针编织作为一项精巧的手工技艺深受编织爱好者的喜爱。繁复的花样编织是其中较为重要的一环，一款好看的花样能使你的针织作品更加出彩。

《零基础学棒针编织：棒针花样巧应用》是专为编织爱好者准备的系列手工制作教程中的一本。全书共分为 6 章，涉及上下针、交叉、镂空、配色、缘编等 300 多种综合花样的编织技法，色彩绚丽、样式新颖，满足日常编织所需。书中更有难点处的操作图解，让读者轻松上手，编织出属于自己的独特花样。

本书适用于手工编织爱好者及相关从业人员。你还在等什么？现在就跟随作者一起动手学习花样编织吧！

◆ 编　　著　阿　瑛
责任编辑　王雅倩
责任印制　陈　犇
◆ 人民邮电出版社出版发行　　北京市丰台区成寿寺路 11 号
邮编　100164　　电子邮件　315@ptpress.com.cn
网址　http://www.ptpress.com.cn
北京市雅迪彩色印刷有限公司印刷
◆ 开本：787×1092　1/16
印张：6　　2018 年 10 月第 1 版
字数：130 千字　　2018 年 10 月北京第 1 次印刷

定价：39.80 元

读者服务热线：(010)81055296　印装质量热线：(010)81055316
反盗版热线：(010)81055315
广告经营许可证：京东工商广登字 20170147 号

CONTENTS
目 录

第一章

上针与下针花样

竖纹和横纹是棒针编织的基础花样。在编织作品时，既可以使用单独花样连续编织，也可组合各种不同的花样进行编织。

NO.001

图解见第92页

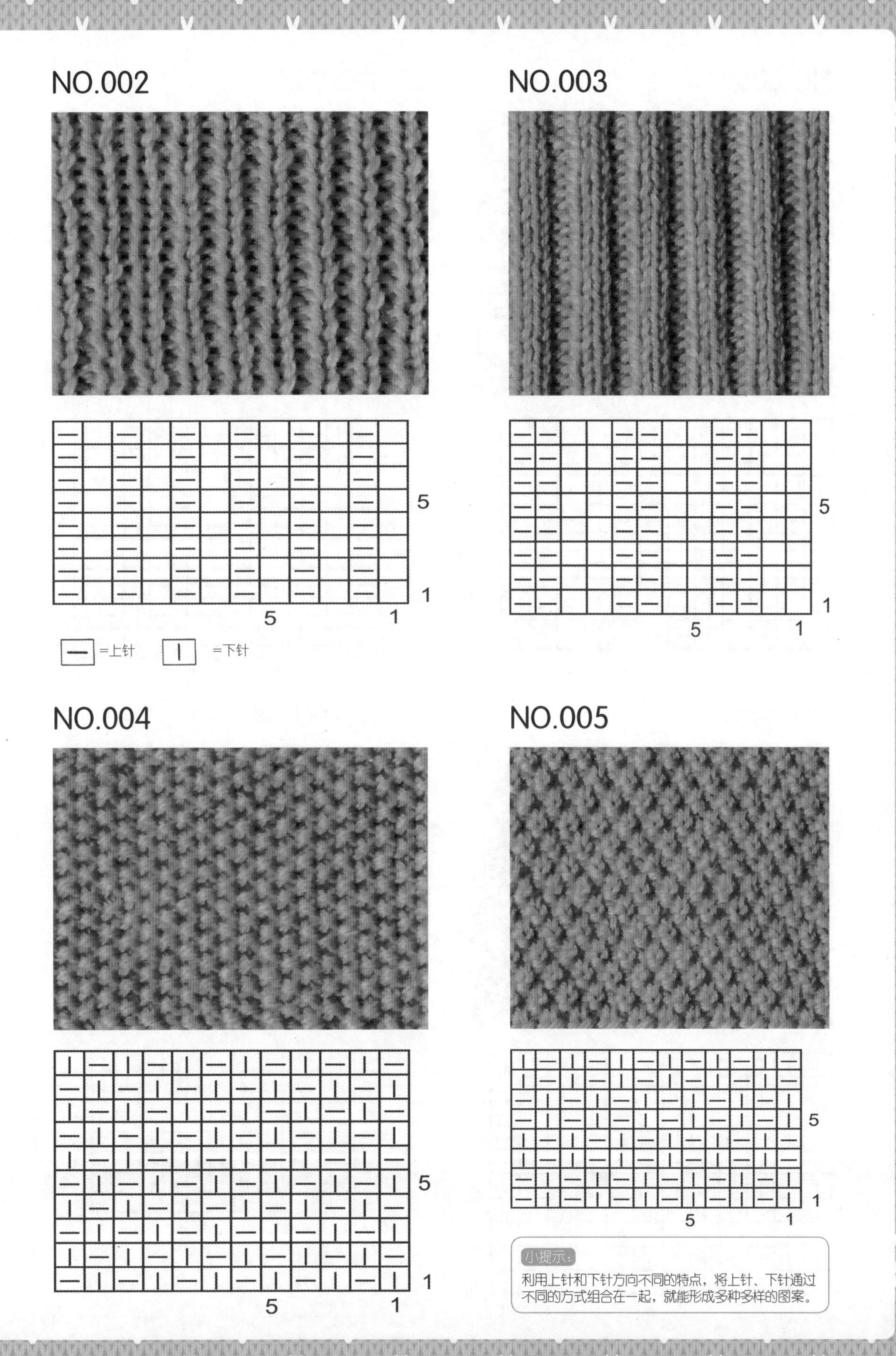
NO.002
—=上针
|=下针
NO.003
NO.004
NO.005
小提示：
利用上针和下针方向不同的特点，将上针、下针通过不同的方式组合在一起，就能形成多种多样的图案。

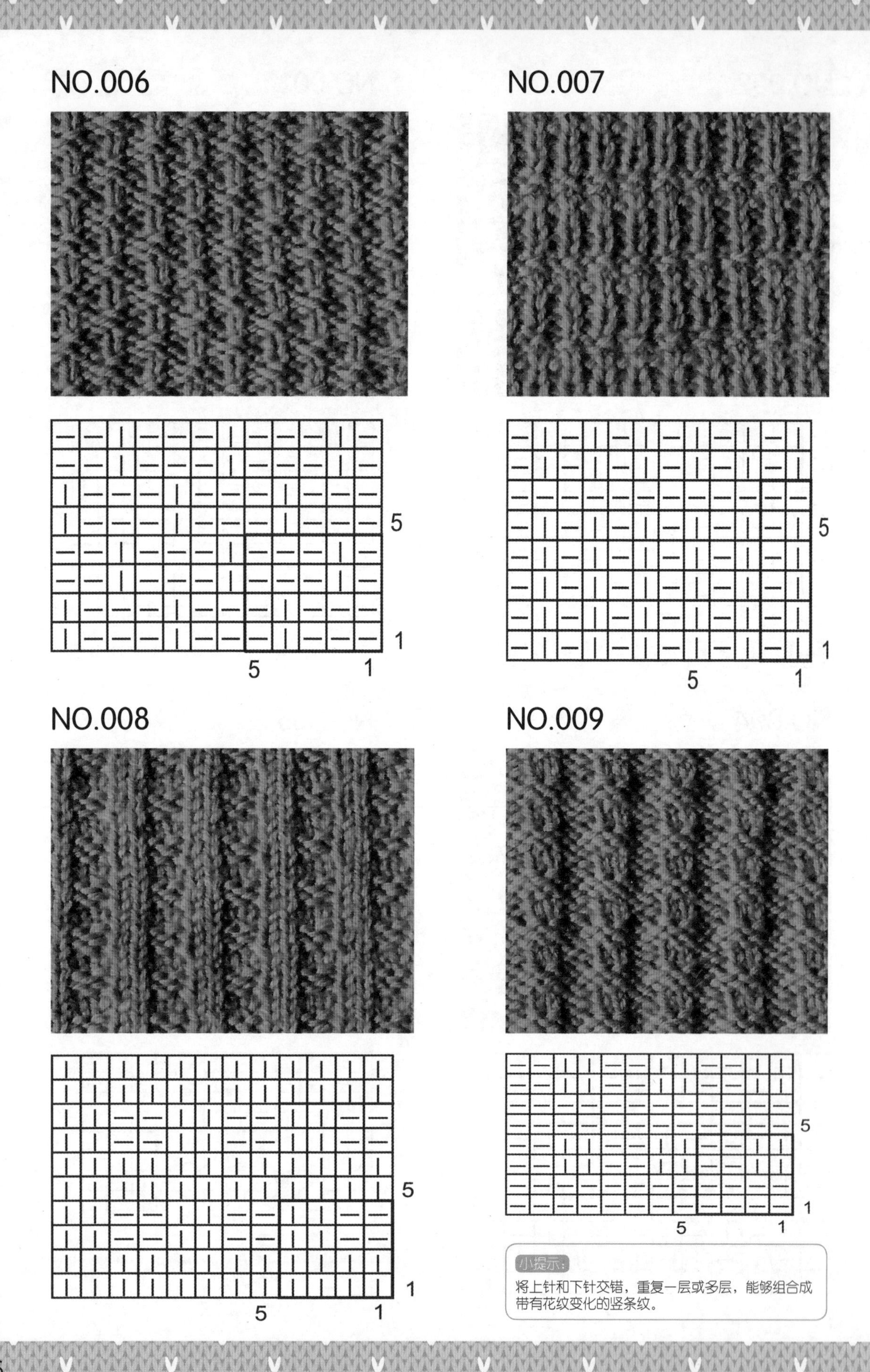
NO.006
NO.007
NO.008
NO.009
小提示:
将上针和下针交错，重复一层或多层，能够组合成带有花纹变化的竖条纹。

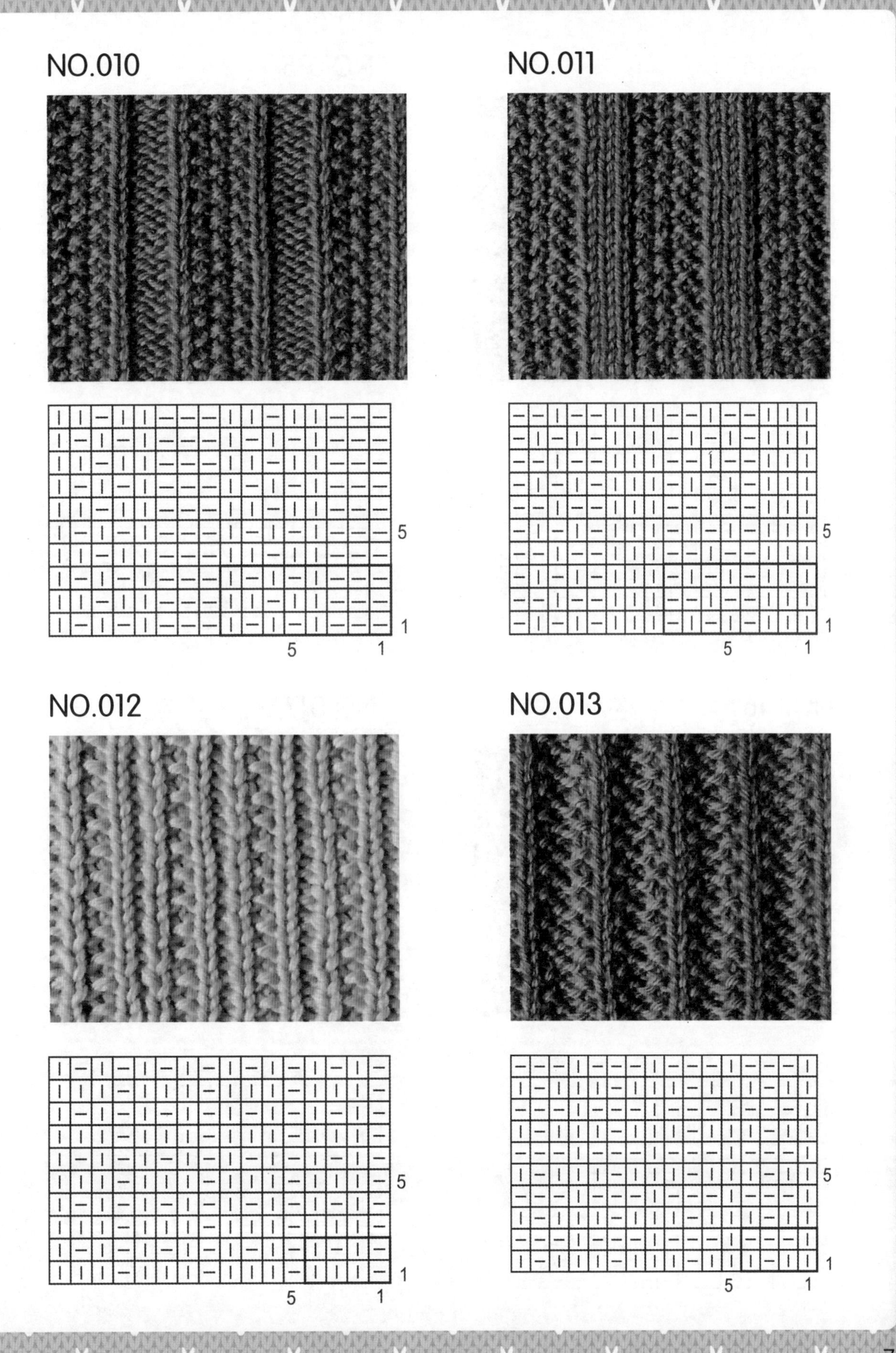
NO.010
NO.011
NO.012
NO.013

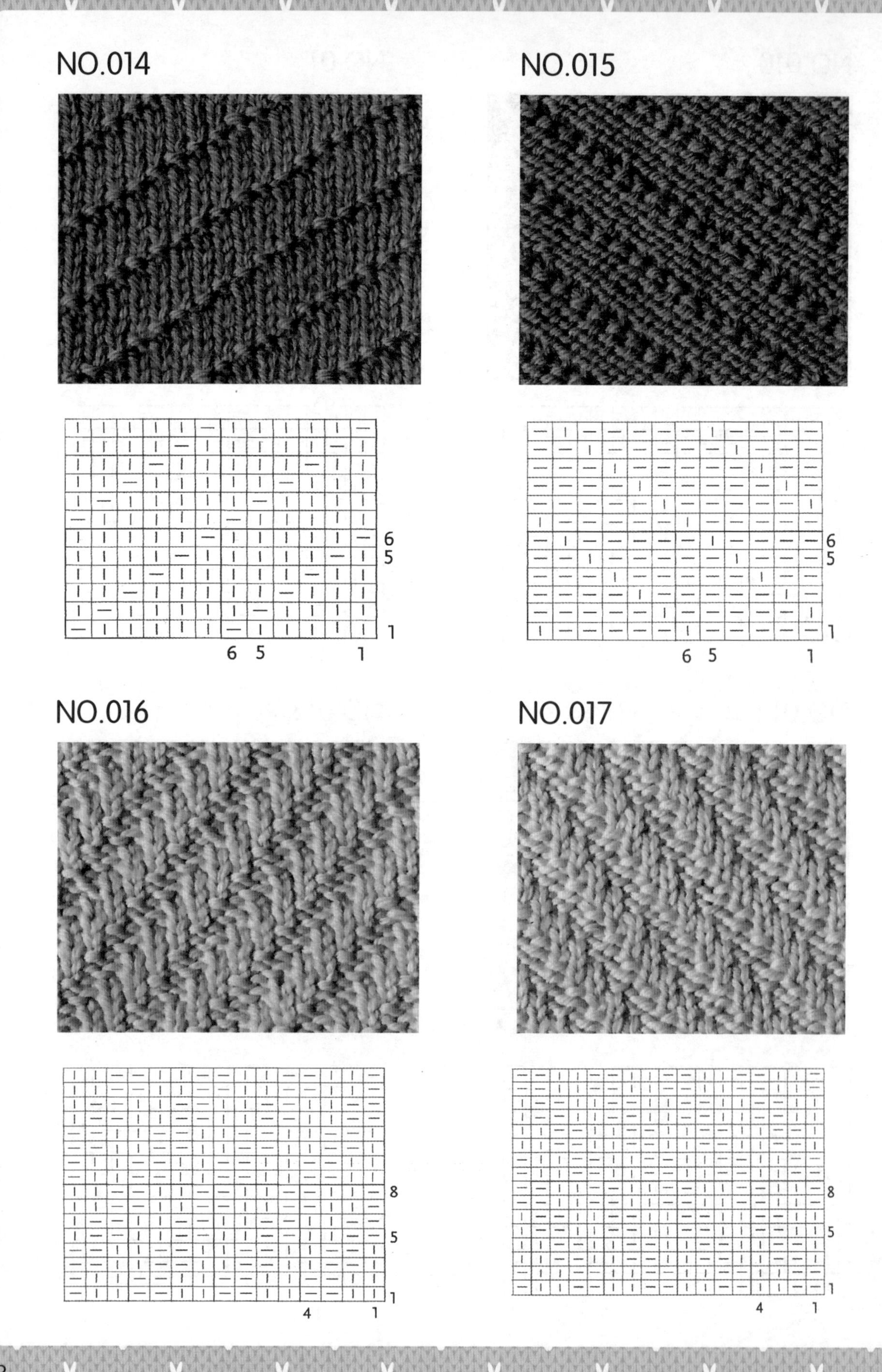
NO.014
NO.015
NO.016
NO.017

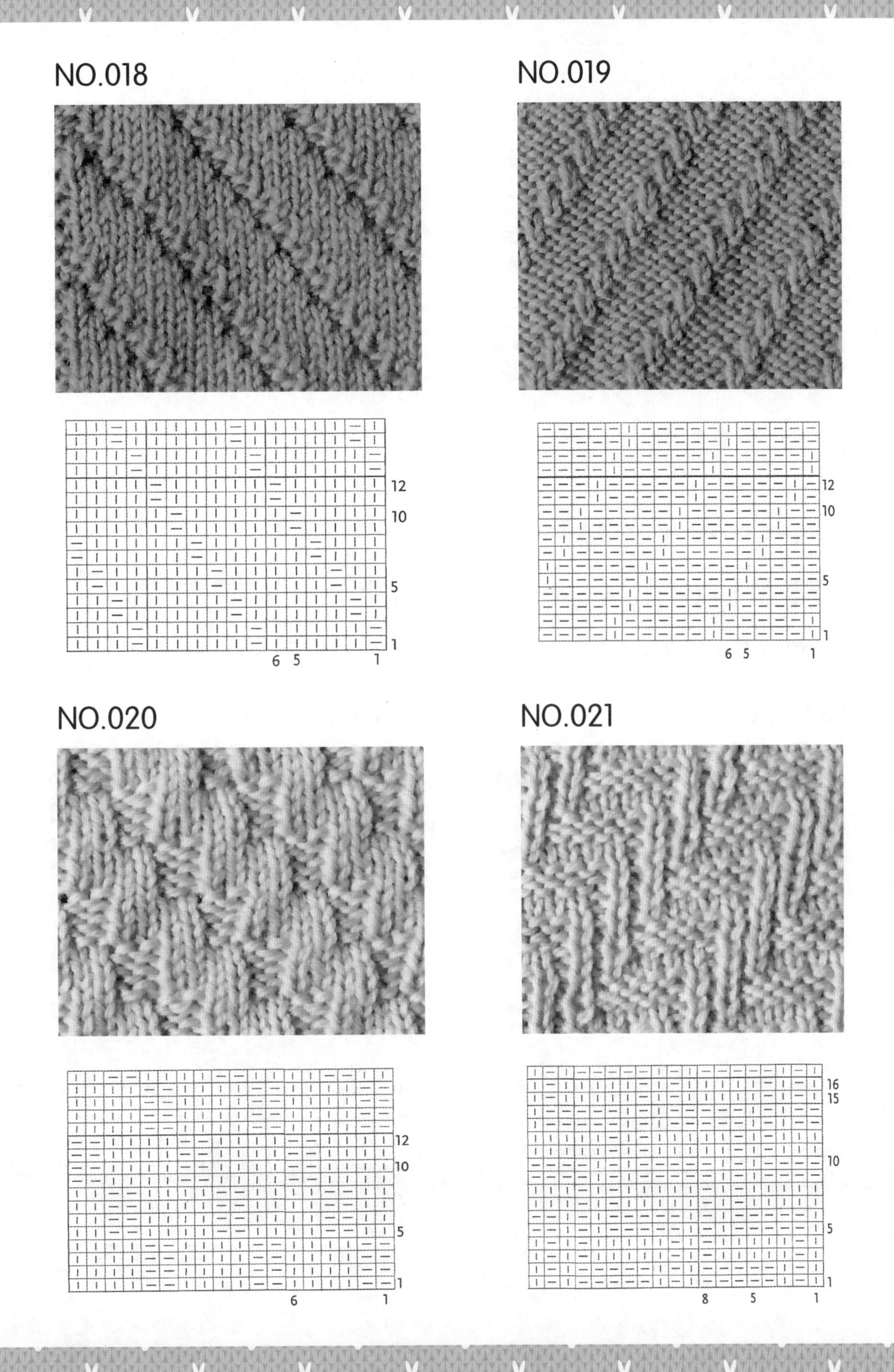
NO.018
12
10
5
1
6 5 1
NO.019
12
10
5
1
6 5 1
NO.020
12
10
5
1
6 1
NO.021
16
15
10
5
1
8 5 1

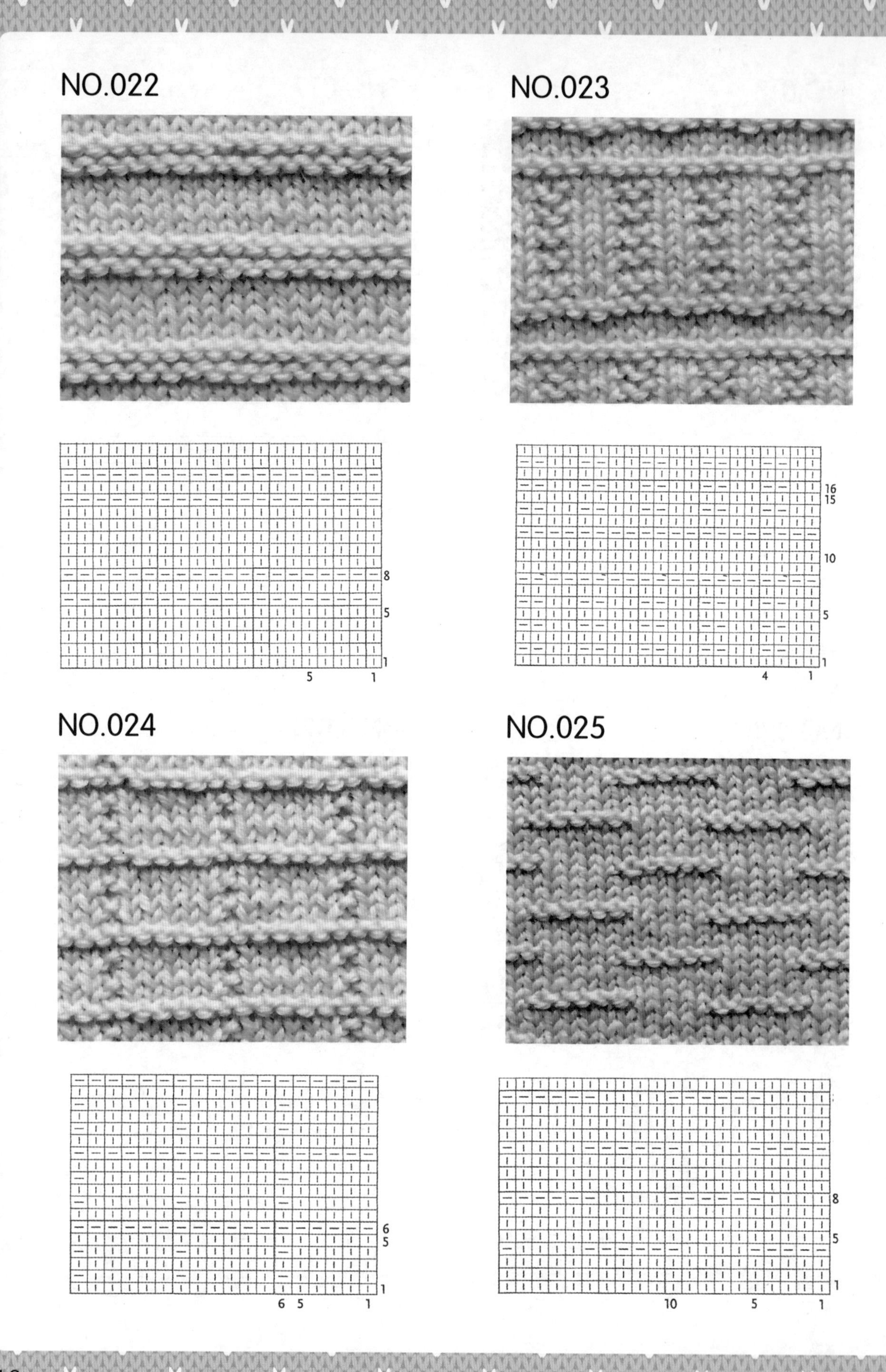
NO.022
NO.023
NO.024
NO.025

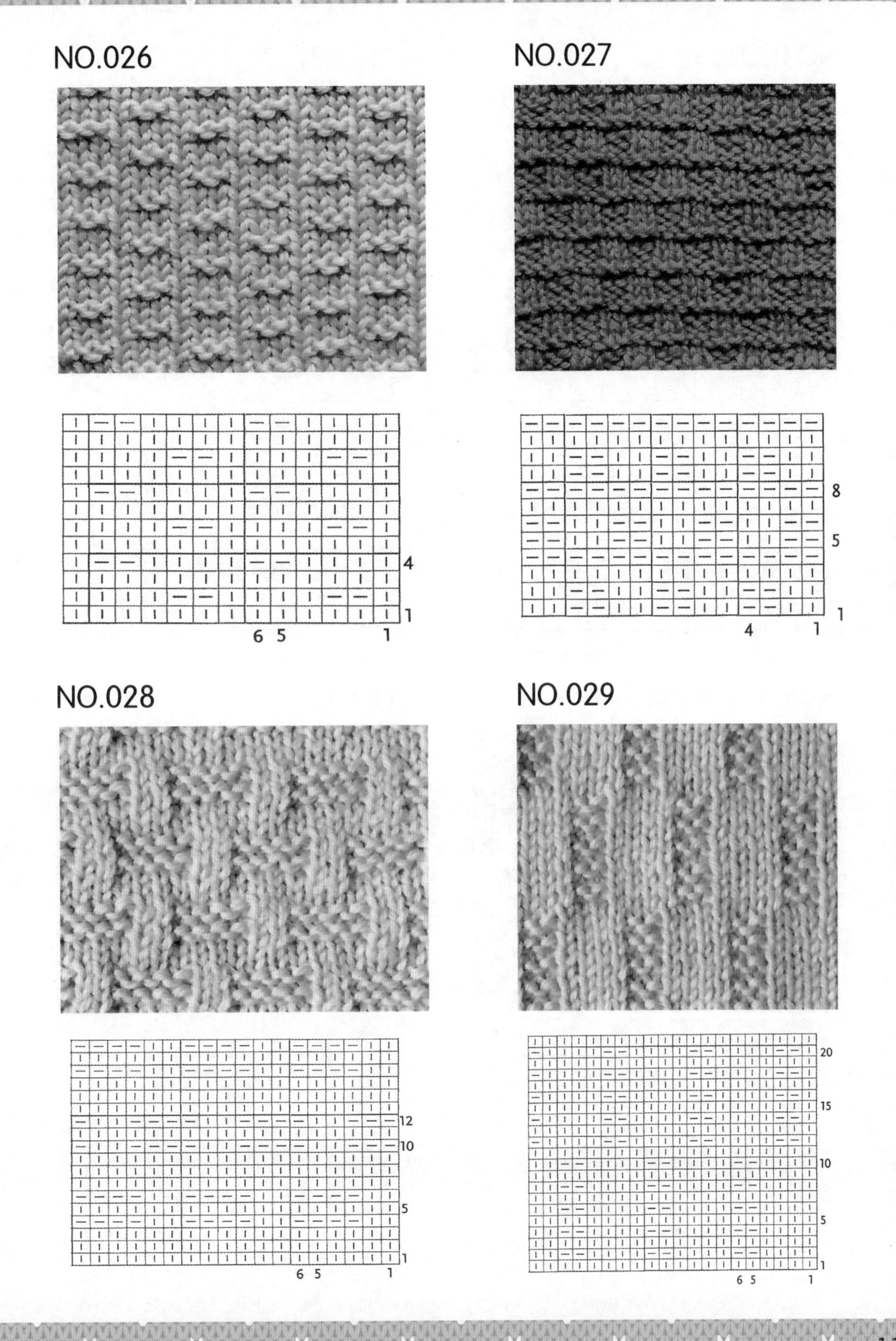
NO.026
NO.027
NO.028
NO.029

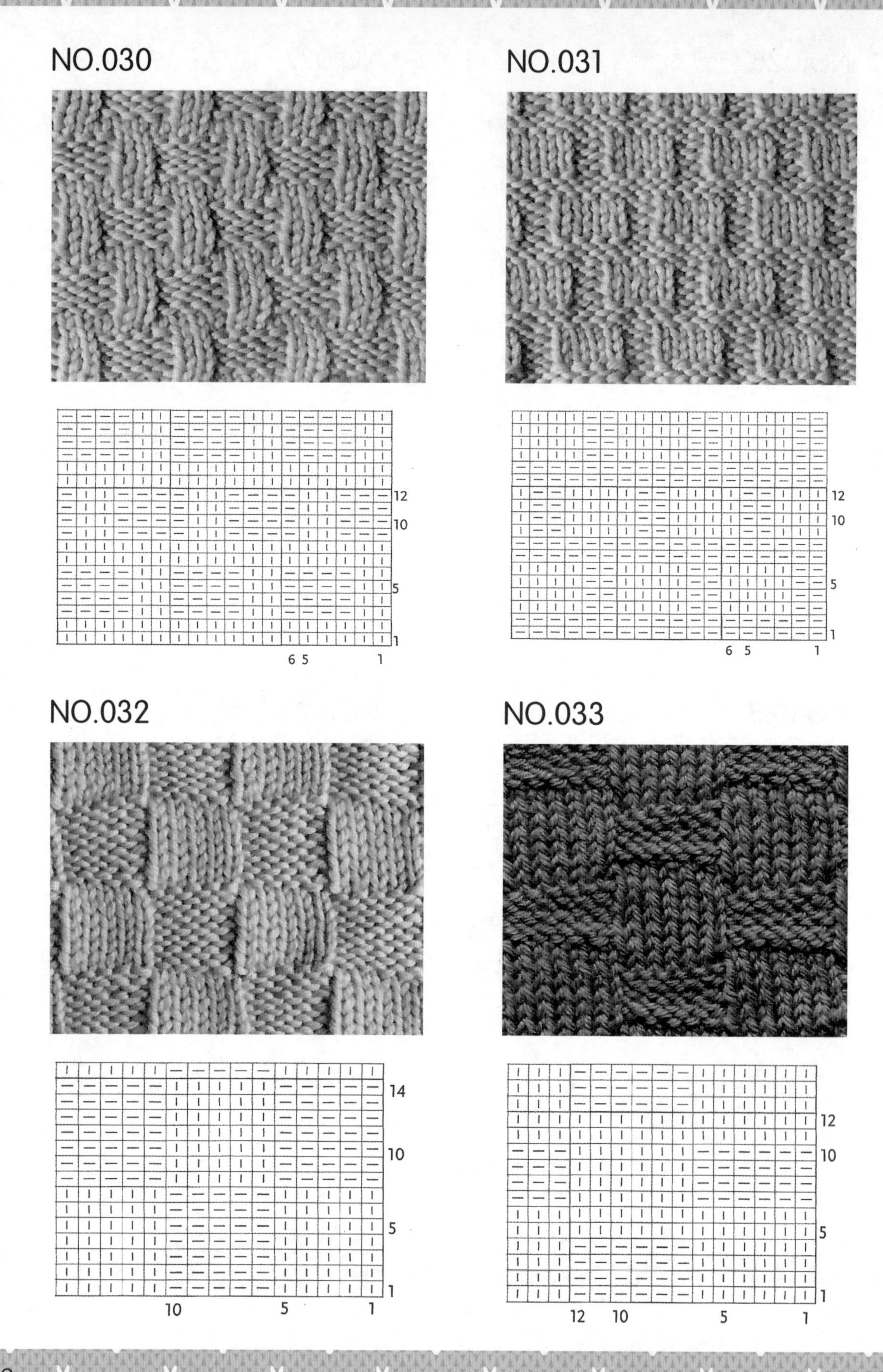
NO.030
12
10
5
1
6 5
1
NO.031
12
10
5
1
6 5
1
NO.032
14
10
5
1
10
5
1
NO.033
12
10
5
1
12 10
5
1

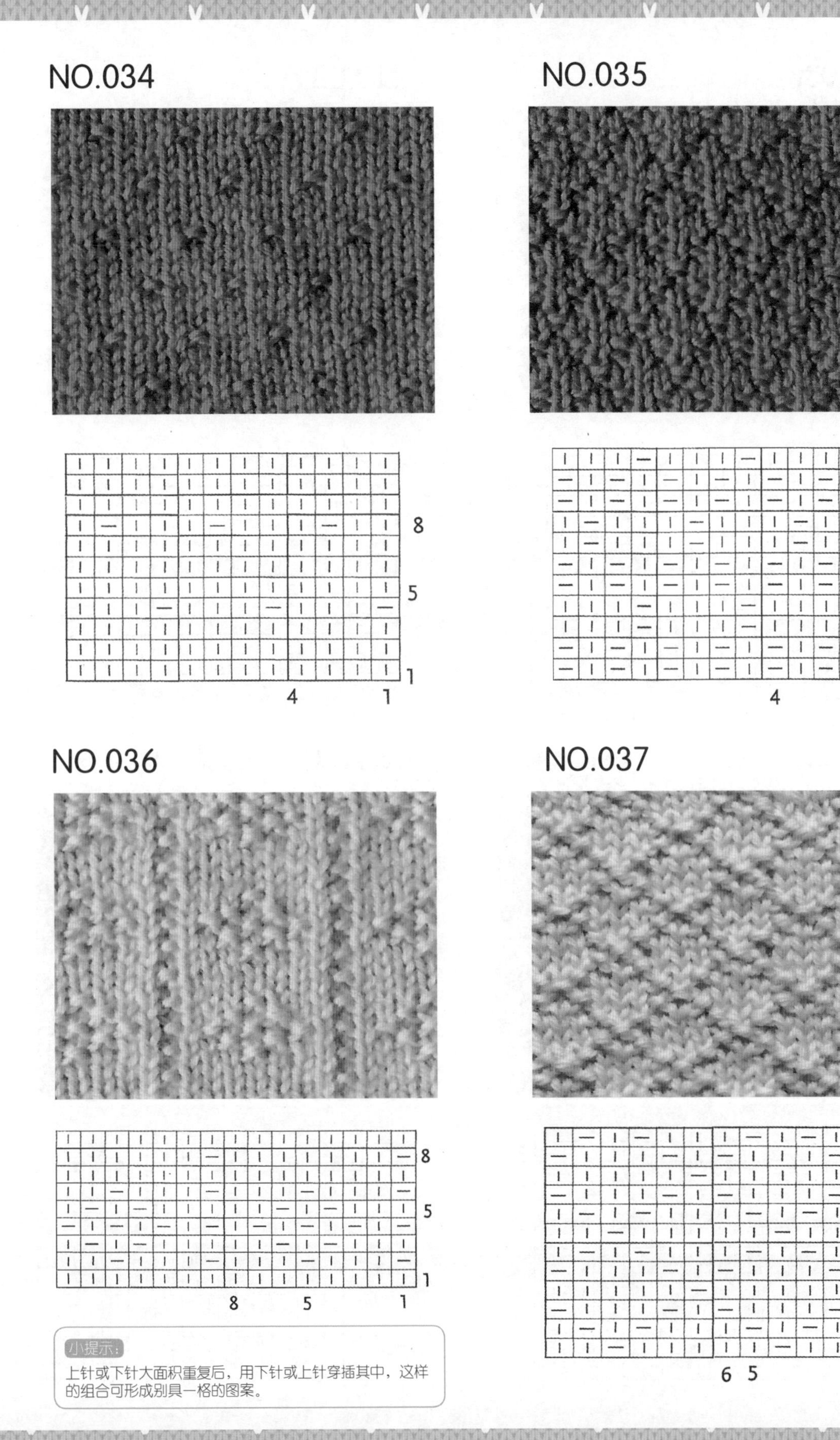

NO.034

NO.035

NO.036

NO.037

小提示：

上针或下针大面积重复后，用下针或上针穿插其中，这样的组合可形成别具一格的图案。

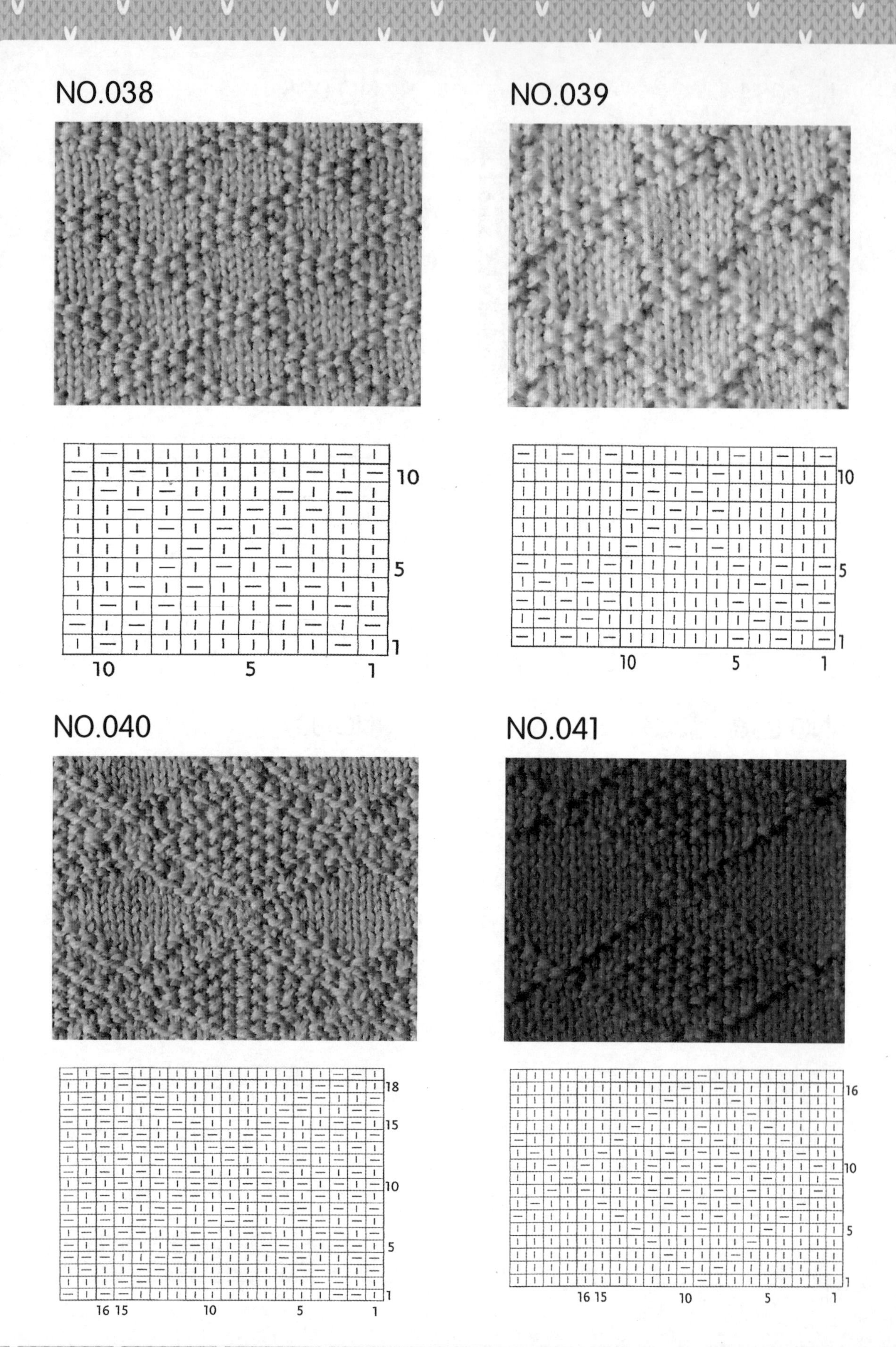
NO.038
NO.039
NO.040
NO.041

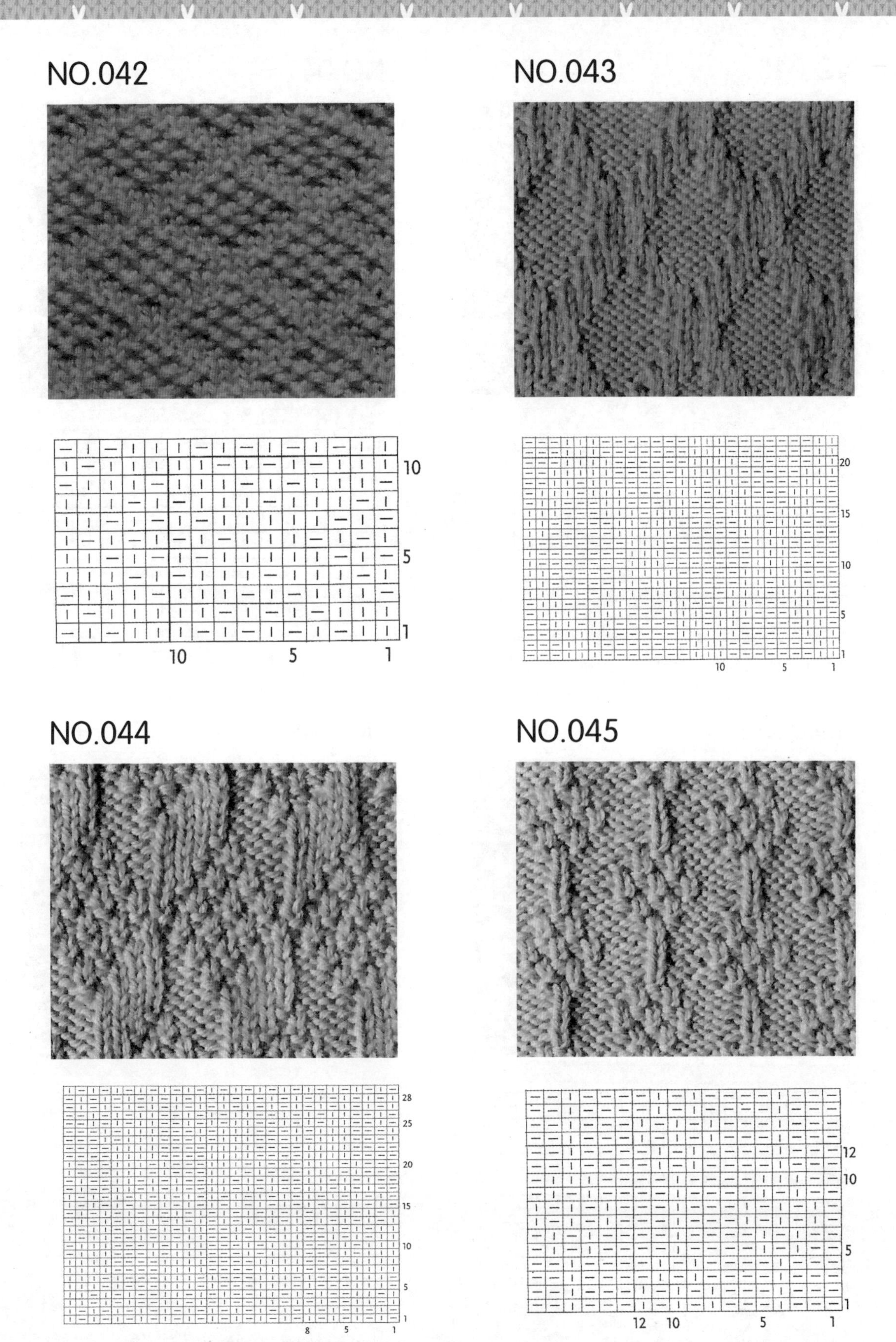
NO.042
NO.043
NO.044
NO.045

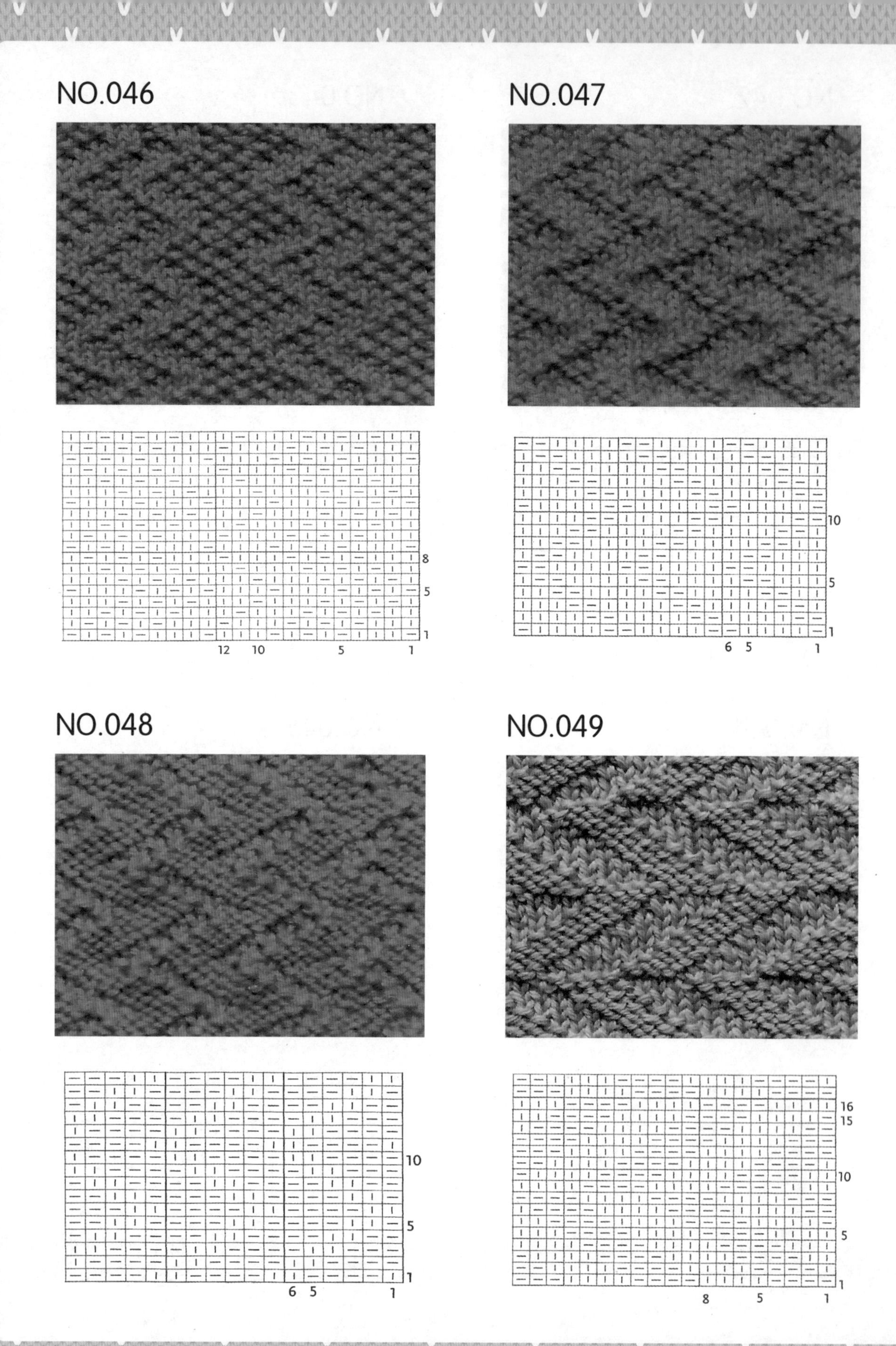
NO.046
8
5
1
12 10 5 1
NO.047
10
5
1
6 5 1
NO.048
10
5
1
6 5 1
NO.049
16
15
10
5
1
8 5 1

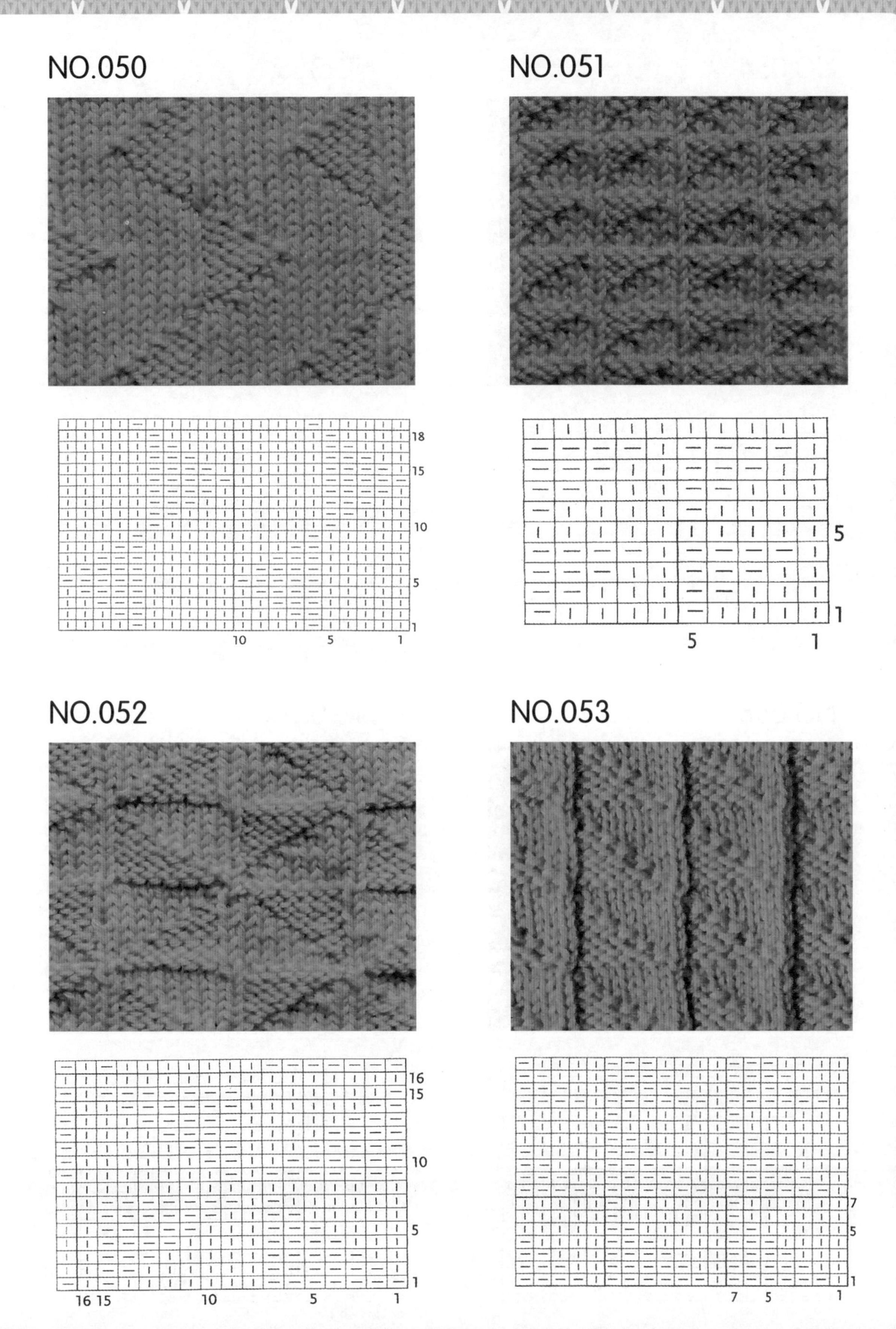
NO.050
NO.051
NO.052
NO.053

NO.054

NO.055

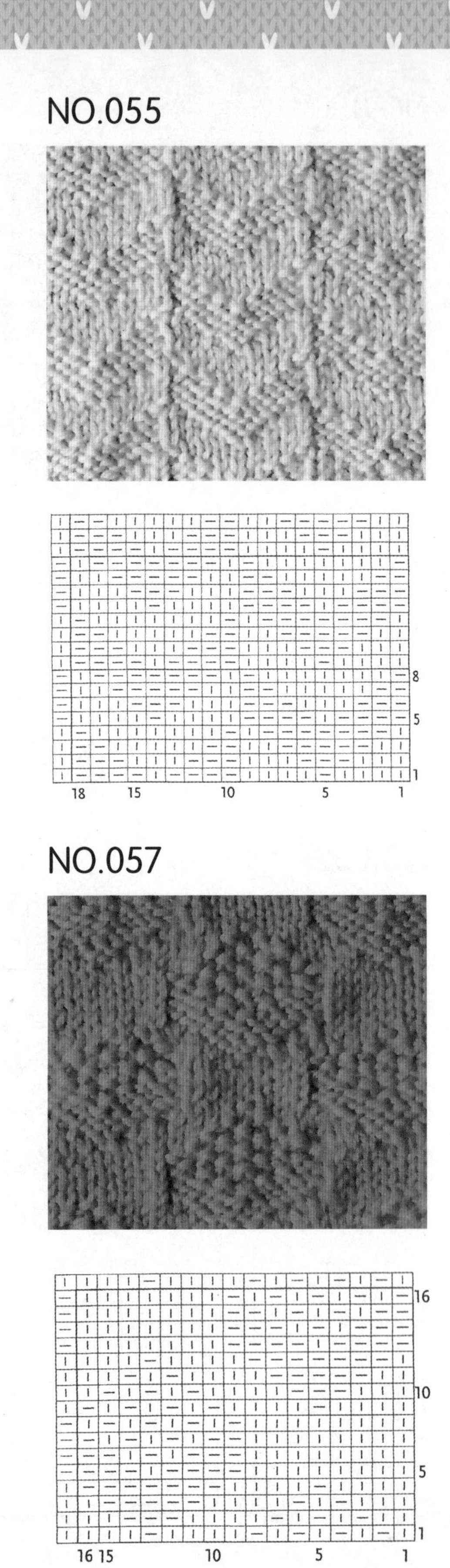

NO.056

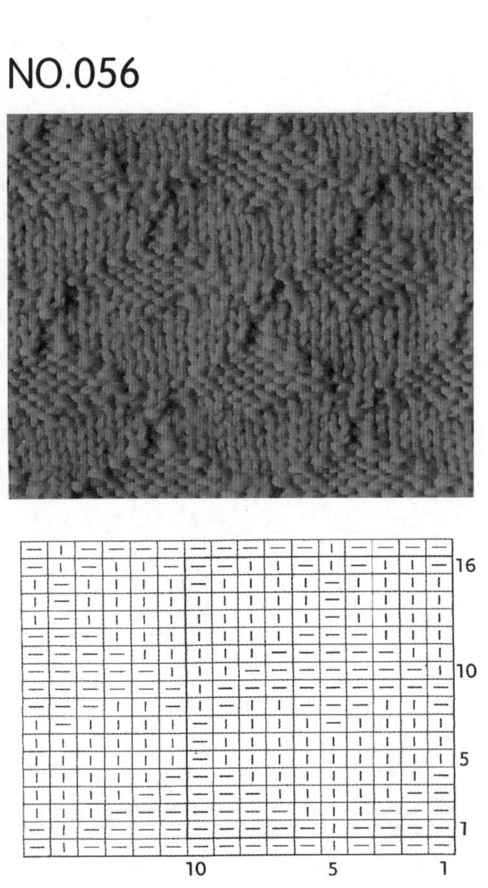

NO.057

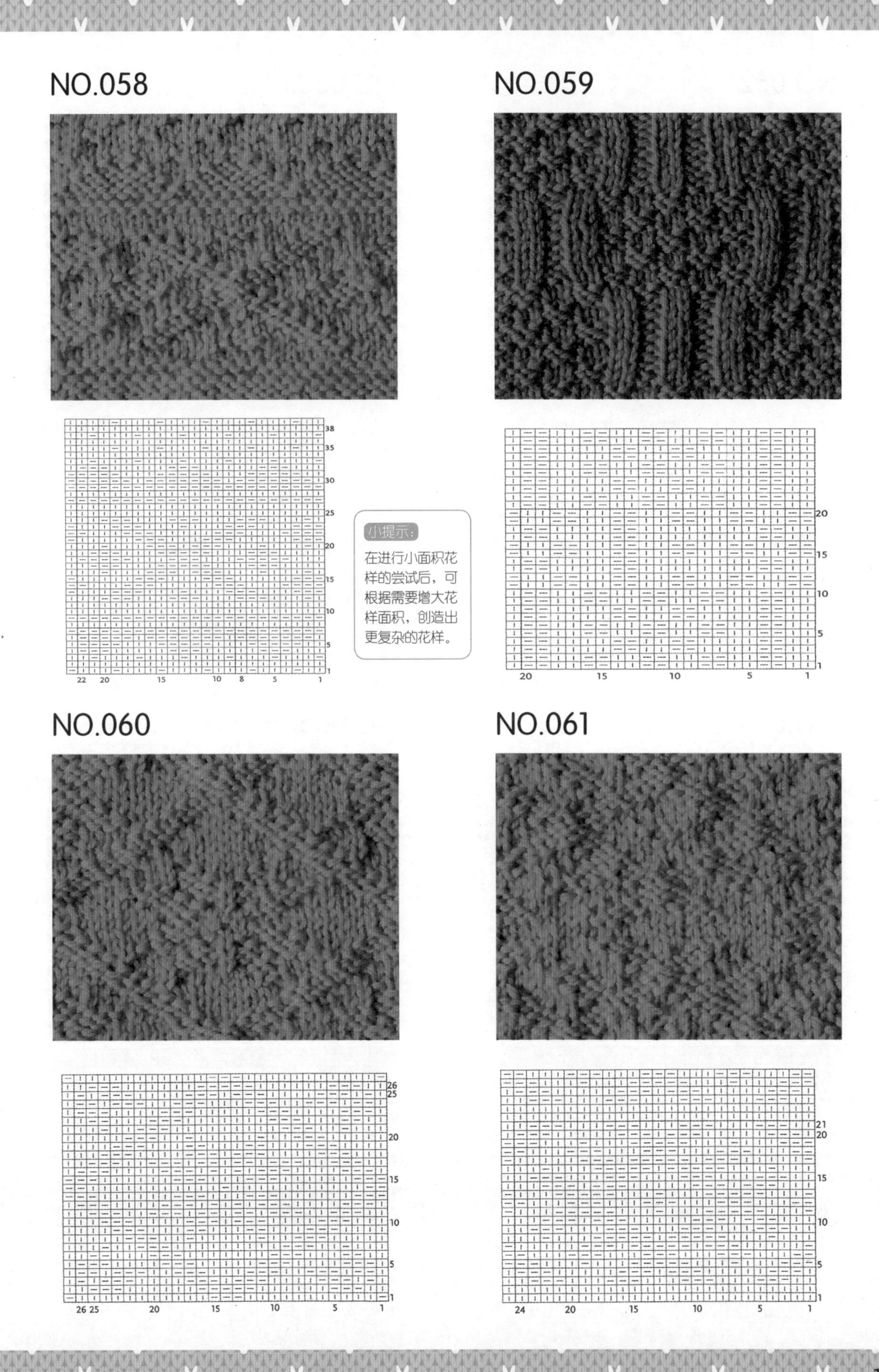
NO.058
NO.059
小提示：
在进行小面积花样的尝试后，可根据需要增大花样面积，创造出更复杂的花样。
NO.060
NO.061

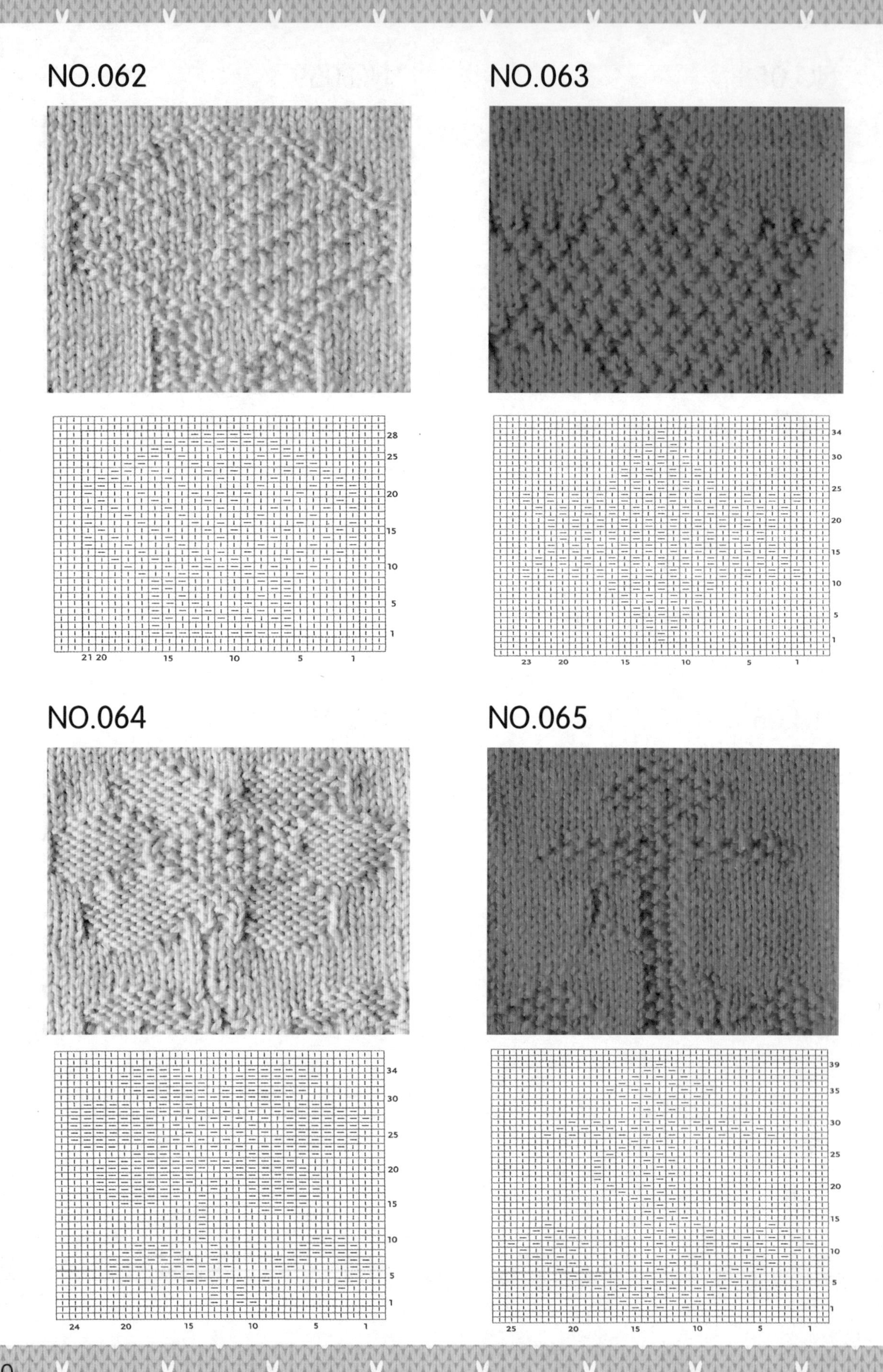
NO.062
NO.063
NO.064
NO.065

NO.066

图解见第93页

第二章

交叉花样

通过简单的交叉针组合形成交叉花样。组合的方式多种多样，让人倍感新鲜。

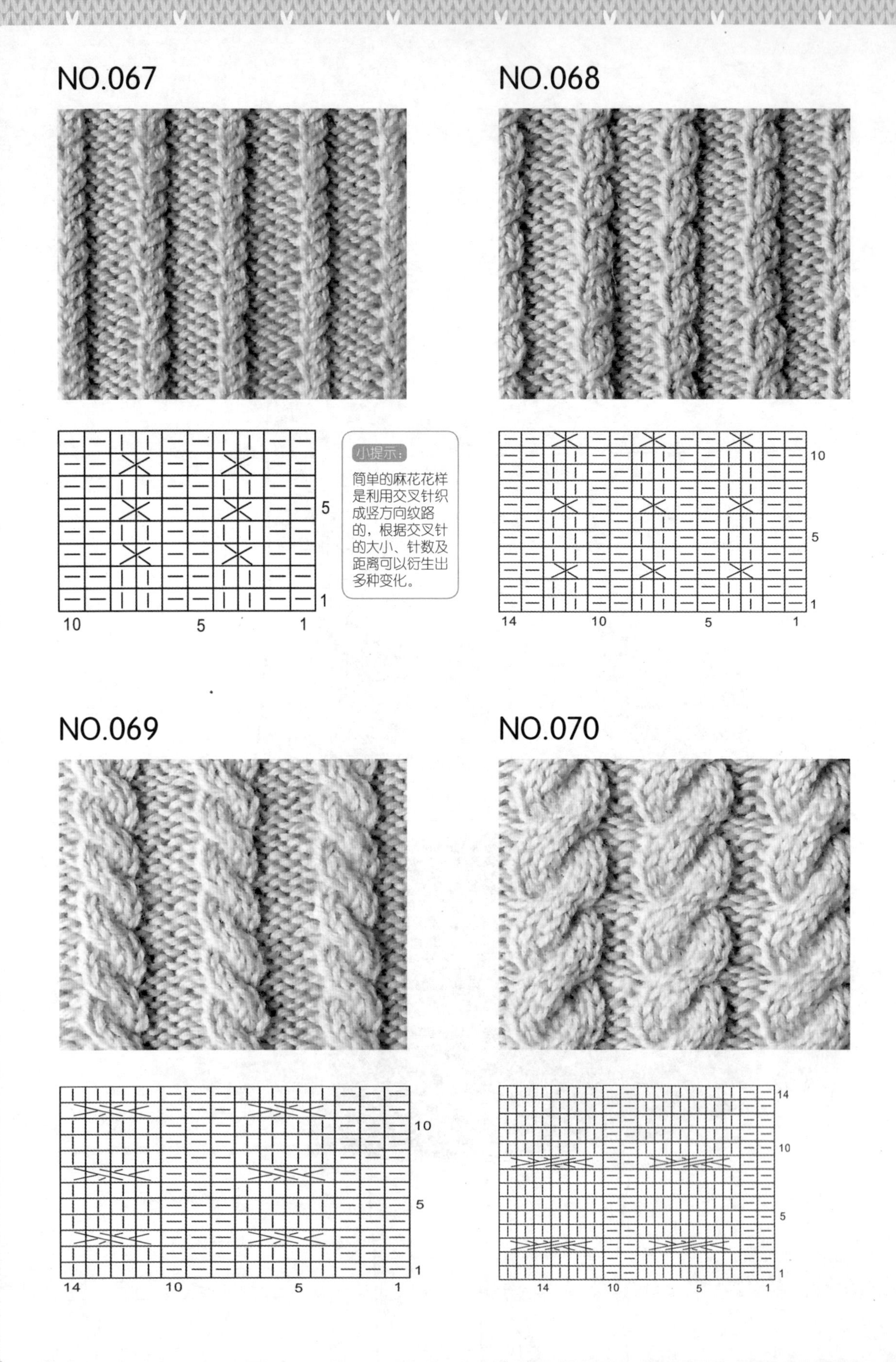
NO.067
NO.068
小提示：
简单的麻花花样是利用交叉针织成竖方向纹路的，根据交叉针的大小、针数及距离可以衍生出多种变化。
NO.069
NO.070

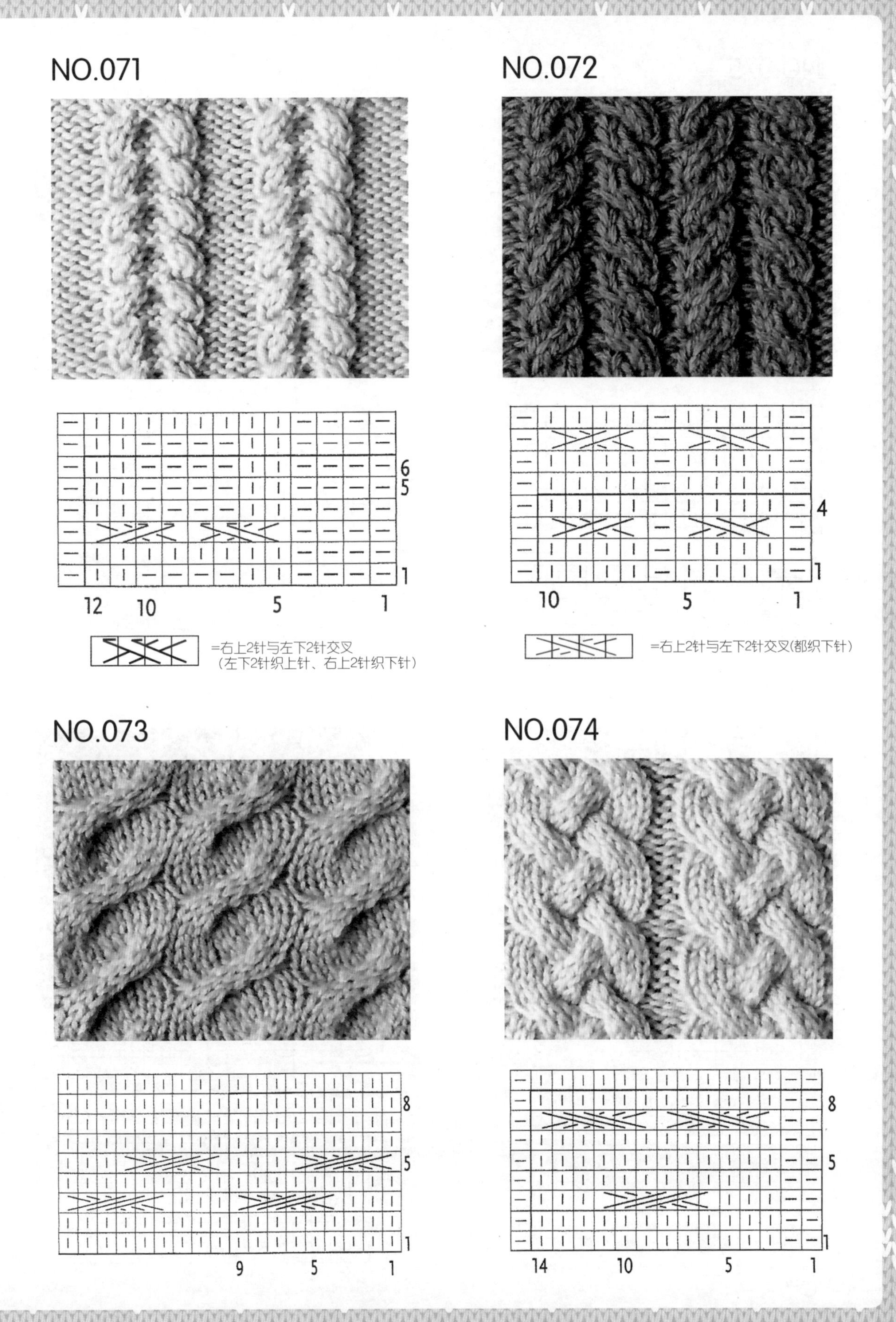
NO.071
6
5
1
12
10
5
1
=右上2针与左下2针交叉
（左下2针织上针、右上2针织下针）
NO.072
4
1
10
5
1
=右上2针与左下2针交叉(都织下针)
NO.073
8
5
1
9
5
1
NO.074
8
5
1
14
10
5
1

NO.075

NO.076

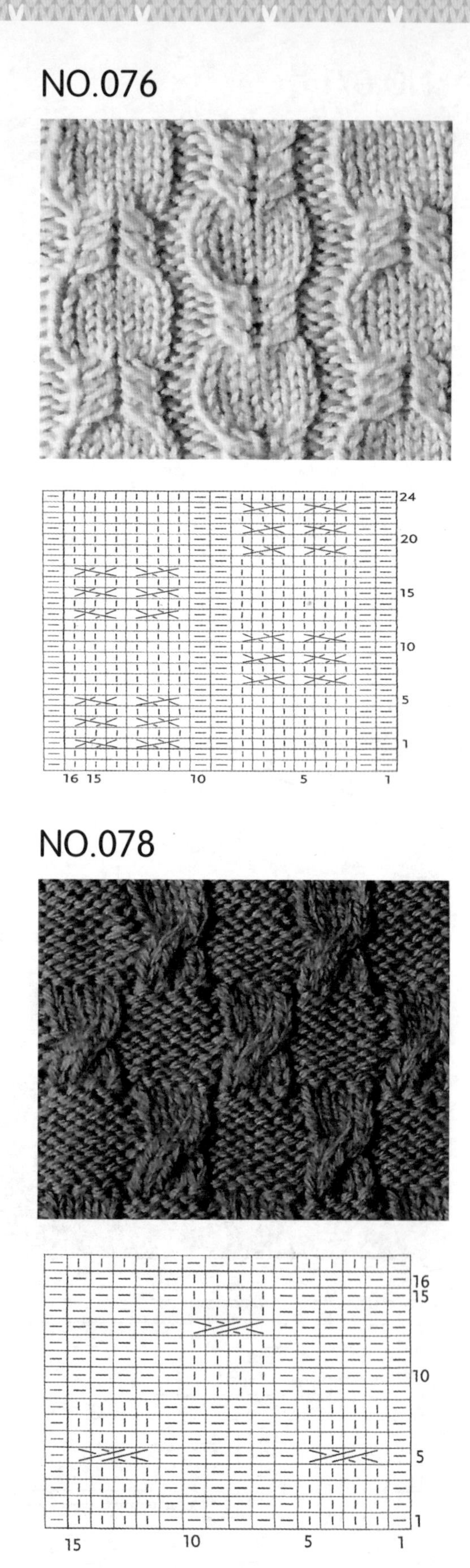

NO.077

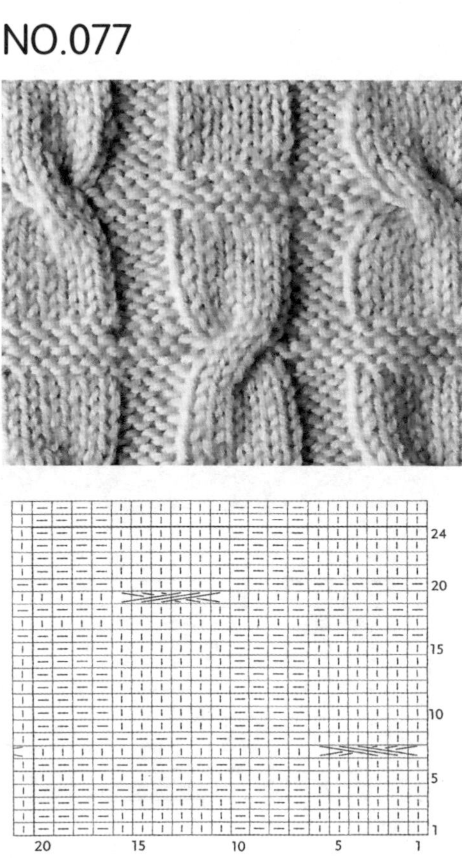

NO.078

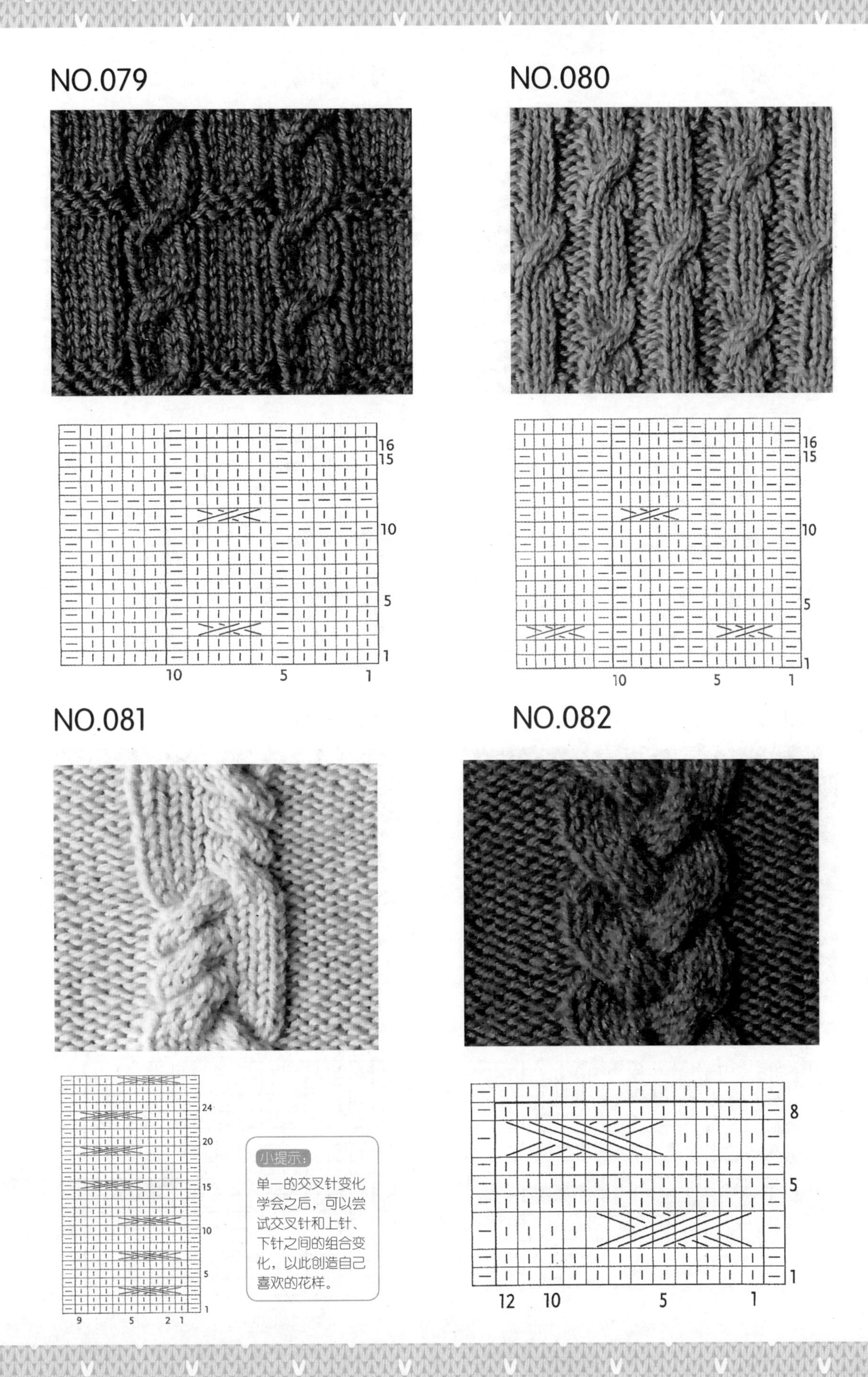
NO.079
NO.080
NO.081
NO.082
小提示：
单一的交叉针变化学会之后，可以尝试交叉针和上针、下针之间的组合变化，以此创造自己喜欢的花样。

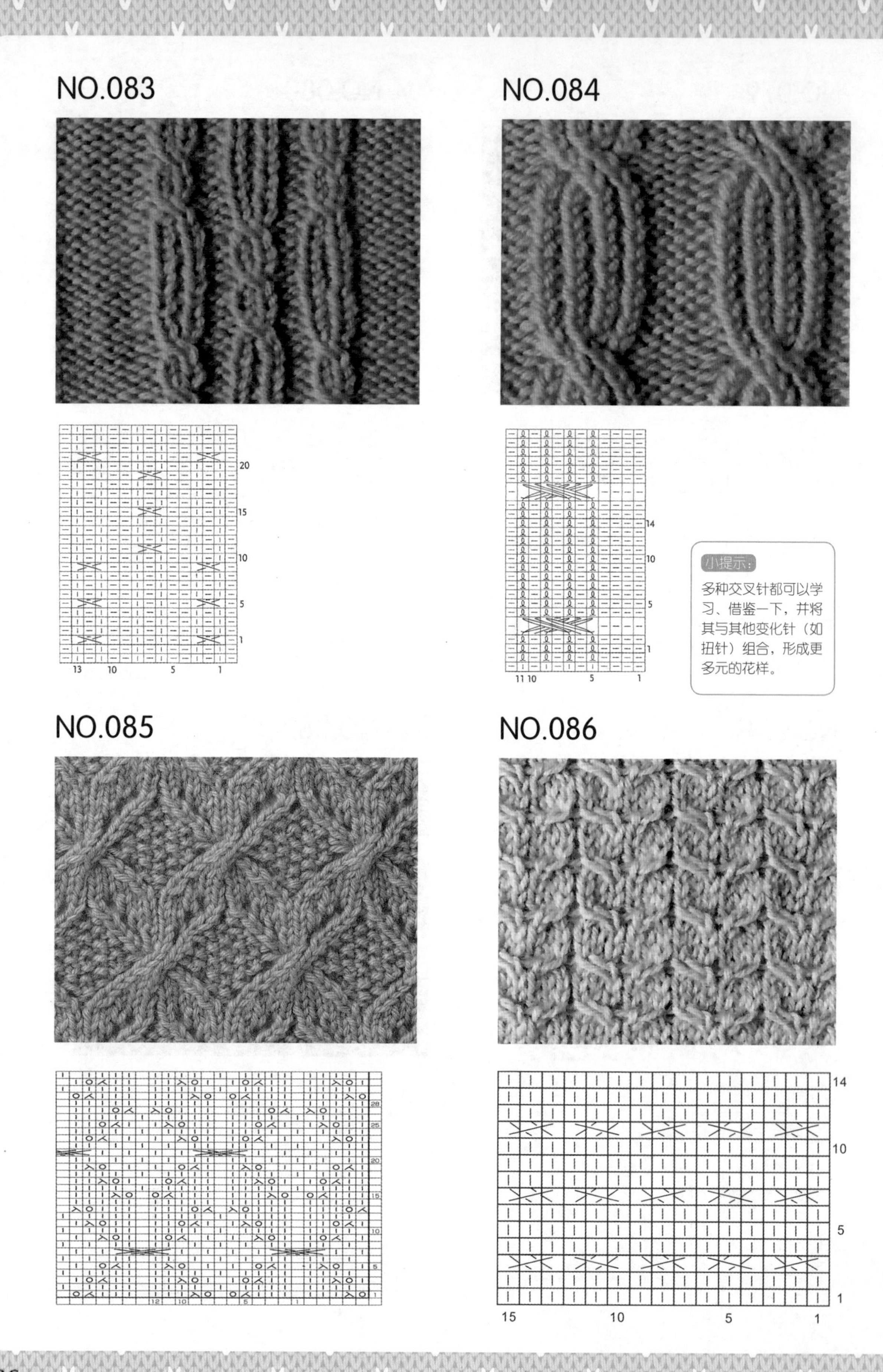
NO.083
NO.084
小提示：
多种交叉针都可以学习、借鉴一下，并将其与其他变化针（如扭针）组合，形成更多元的花样。
NO.085
NO.086

NO.087

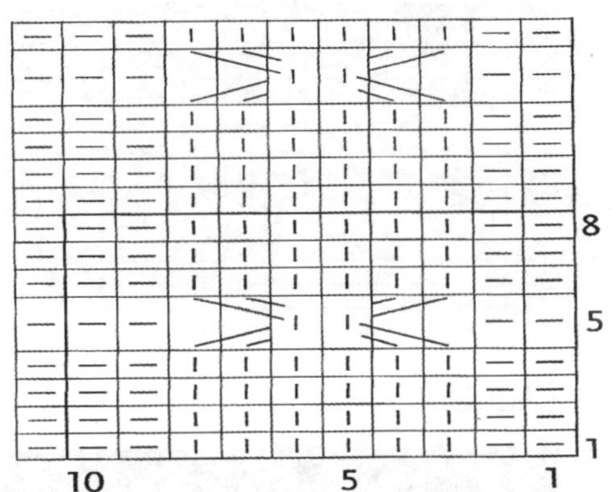

NO.088

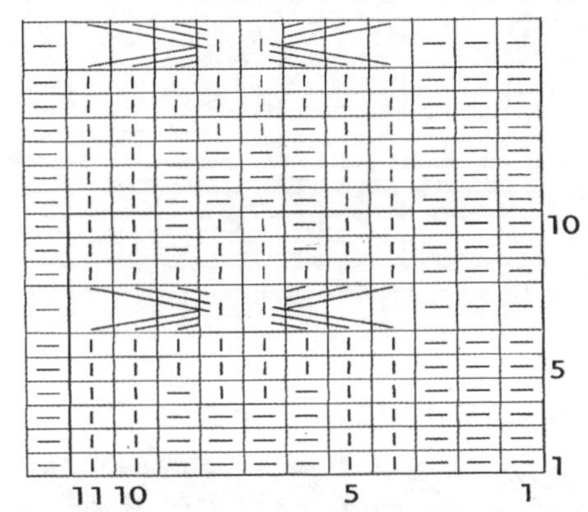

中上2下针和
左右2针交叉

中上2下针和
左右3针交叉

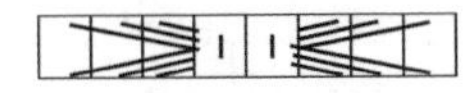

※ "中上2下针和左右3针交叉"的编织方法与"中上2下针和左右2针交叉"相似，需在针1、针2、针5、针6的两边再各加1针。

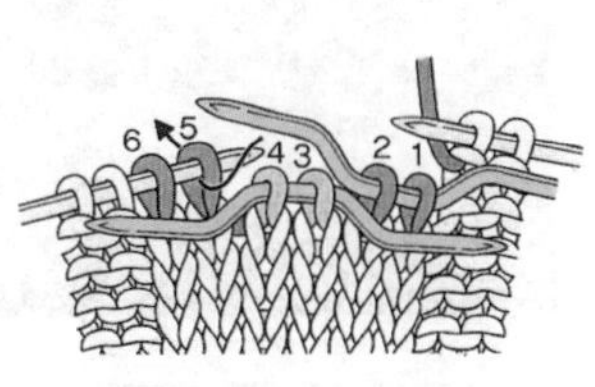

1.将左棒针上的针1、针2和针3、针4分别穿上别针，放在身前侧。

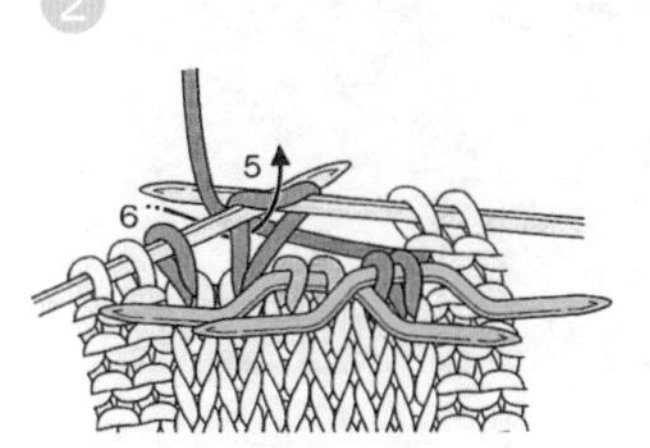

2.针5、针6分别编织下针。

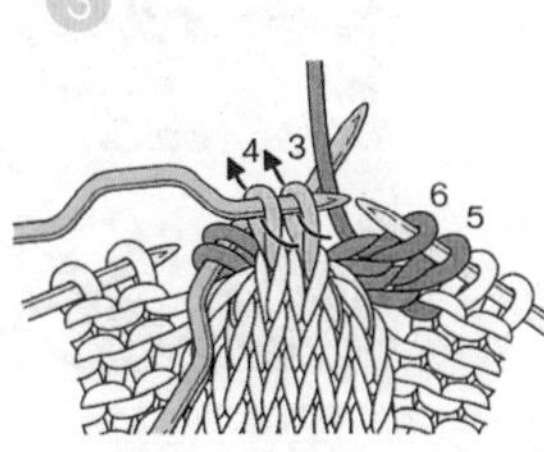

3.将针3、针4移到针1、针2之前。

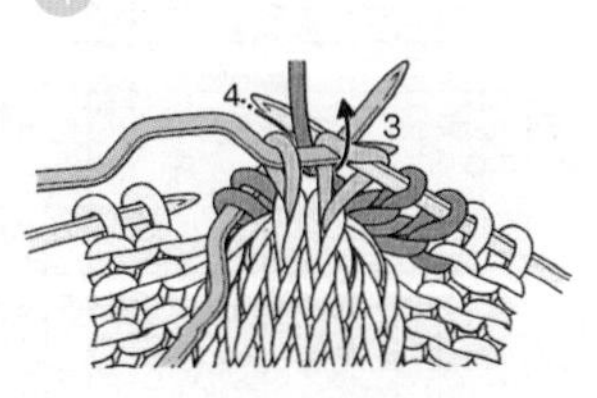

4.将右棒针插入针3，绕线编织下针，针4也编织下针。

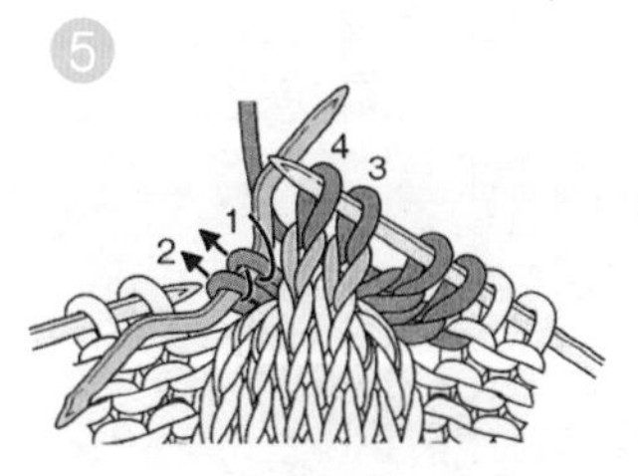

5.针1、针2编织下针。

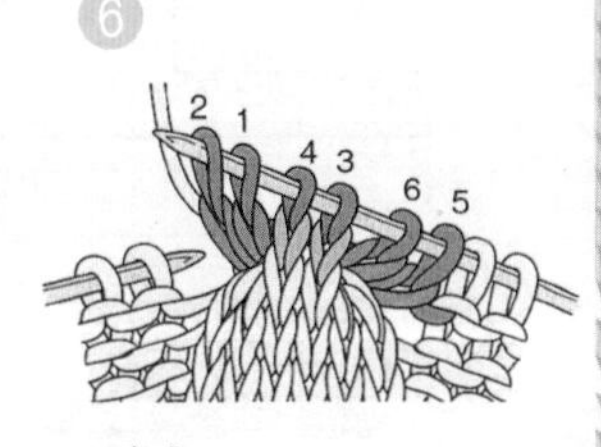

6.完成。

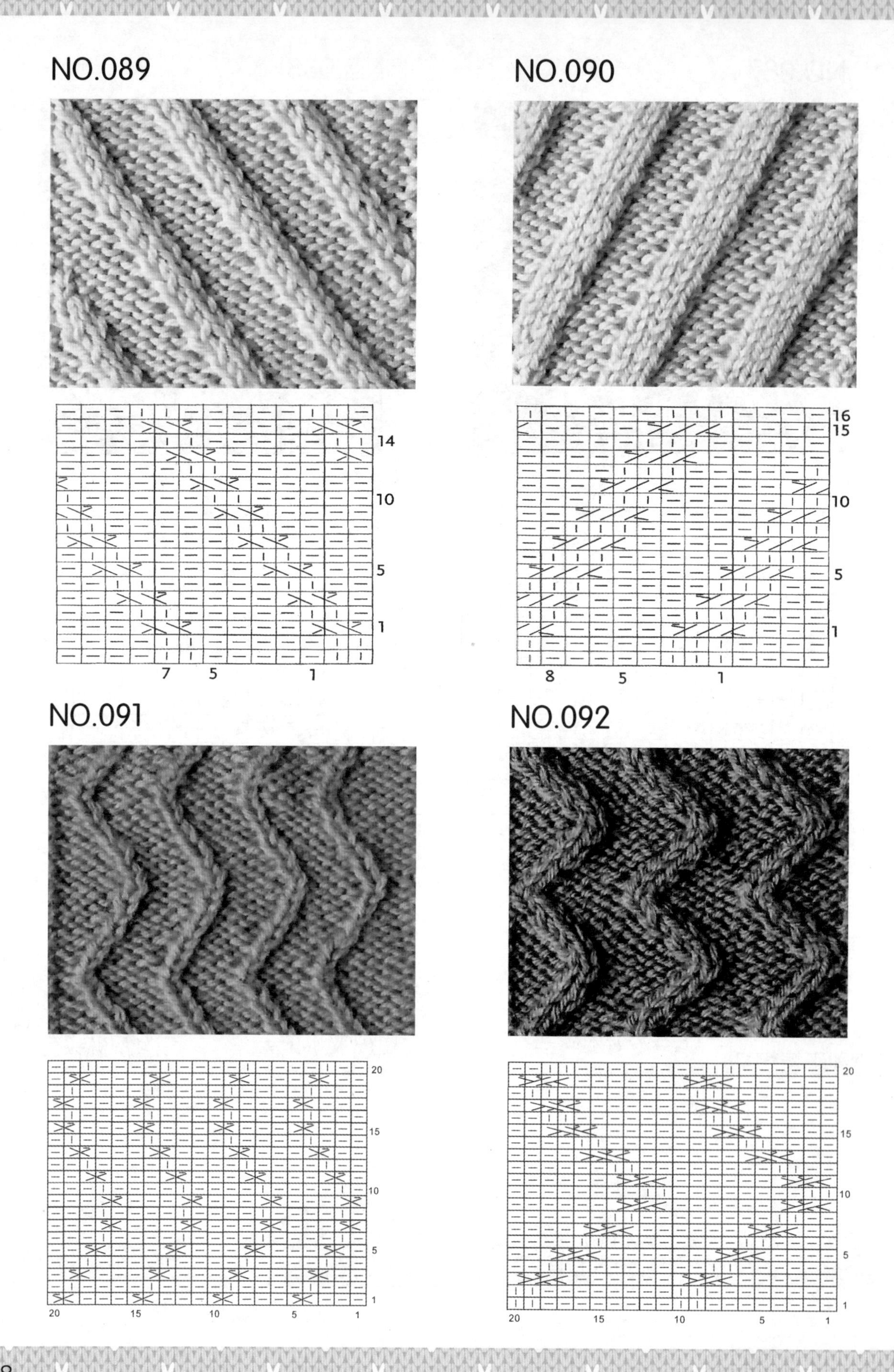
NO.089
NO.090
NO.091
NO.092

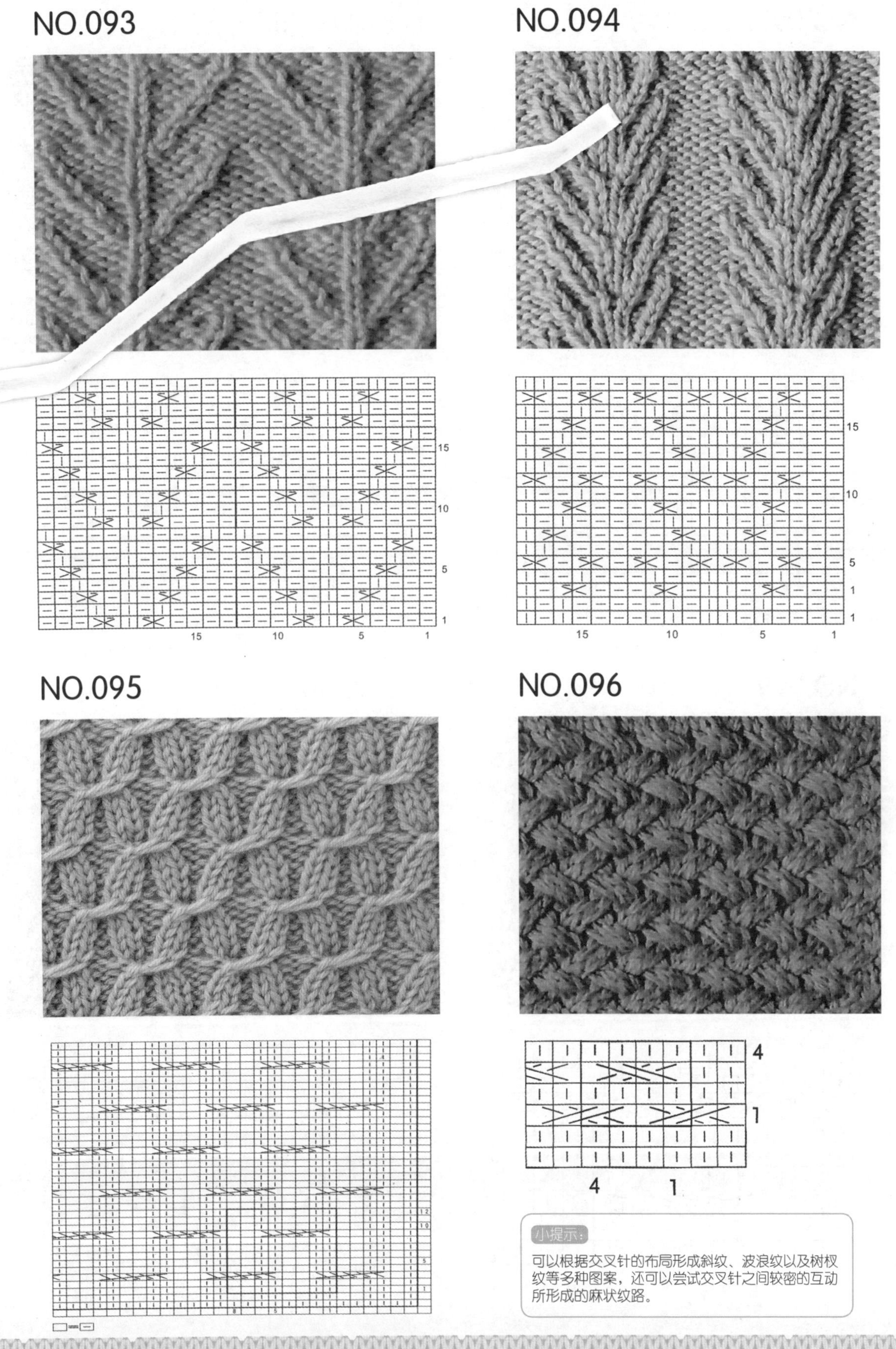
NO.093
NO.094
NO.095
NO.096
小提示：
可以根据交叉针的布局形成斜纹、波浪纹以及树杈纹等多种图案，还可以尝试交叉针之间较密的互动所形成的麻状纹路。

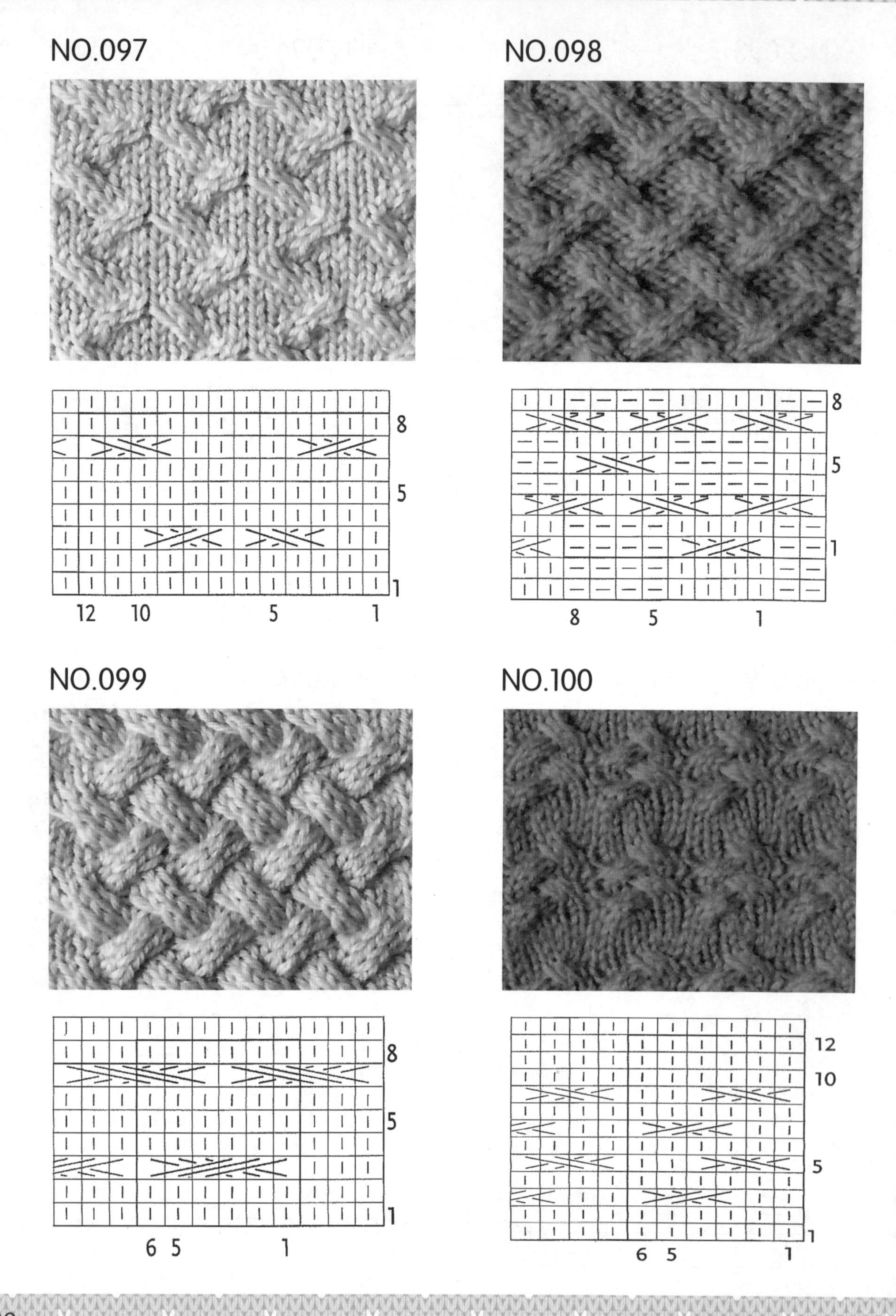
NO.097
NO.098
NO.099
NO.100

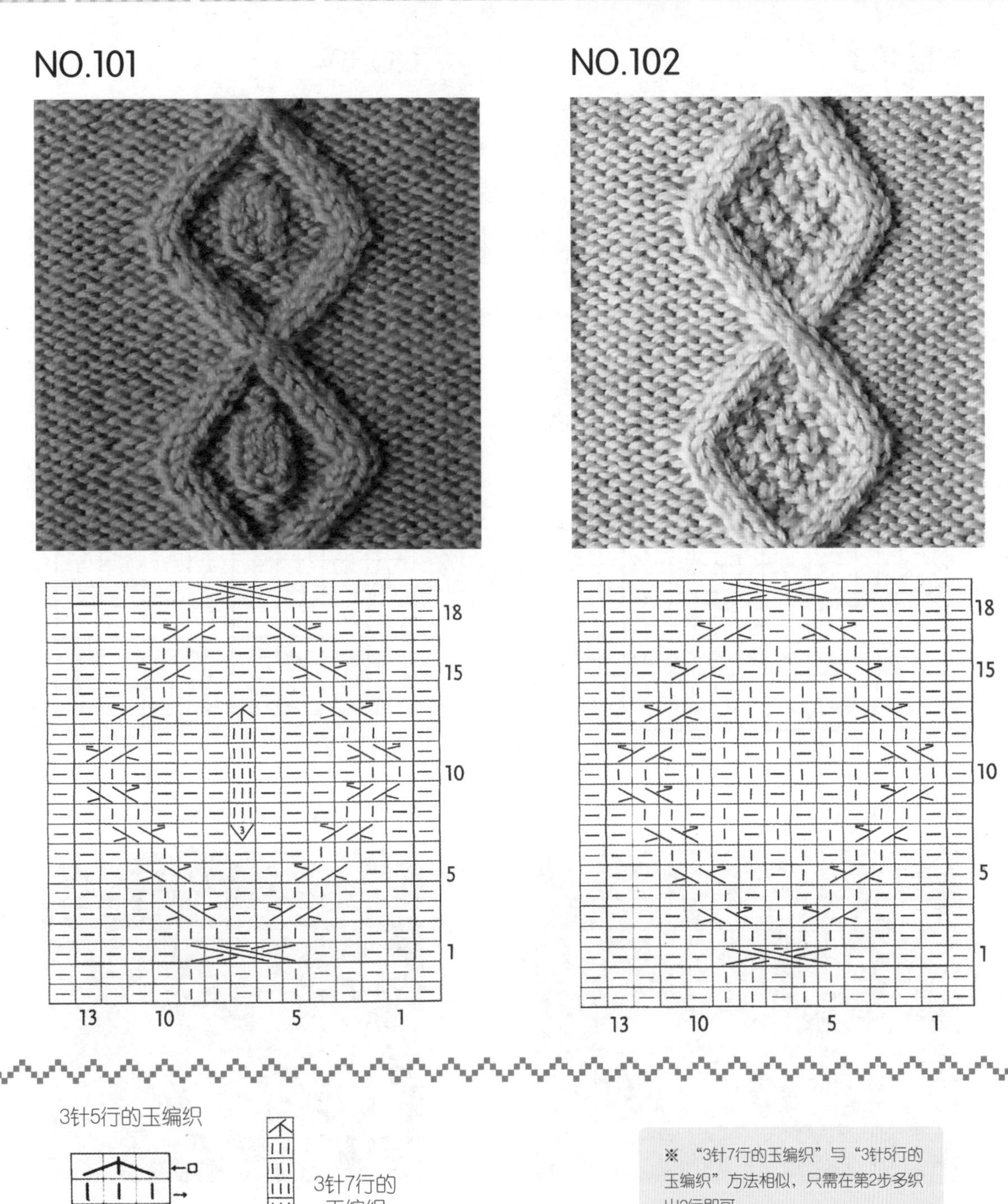

3针5行的玉编织

3针7行的玉编织

※ “3针7行的玉编织”与“3针5行的玉编织”方法相似，只需在第2步多织出2行即可。

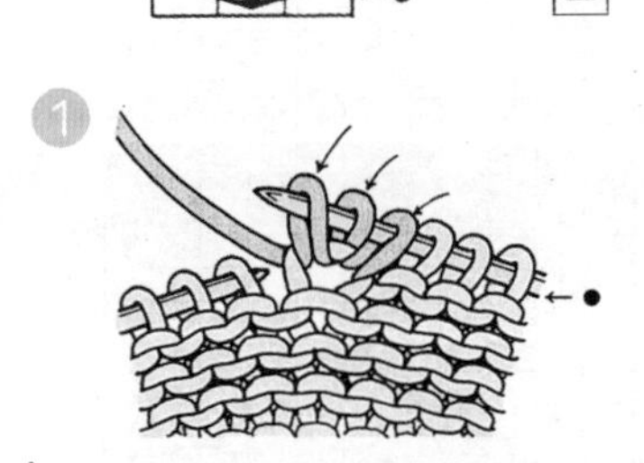

1.在1个针圈中先后按顺序编织下针、镂空针和下针。

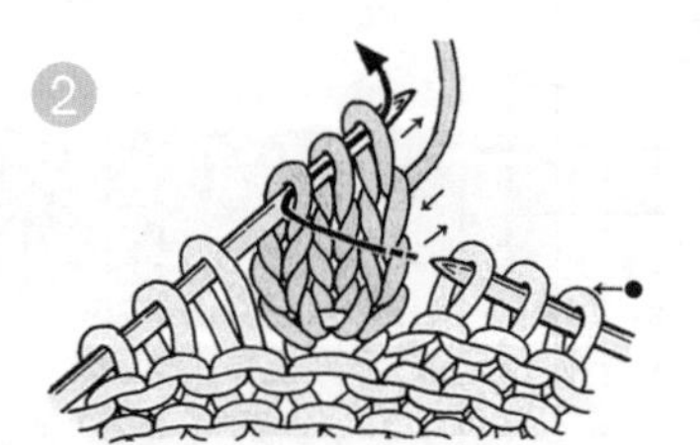

2.将加出的3针依次按上、下、上的顺序边翻织物边织出3行。

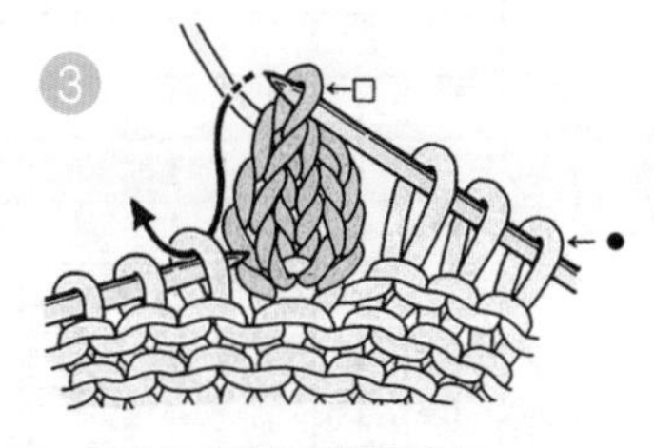

3.3针一次插针，编织下针，完成。

NO.103

NO.104

NO.105

NO.106

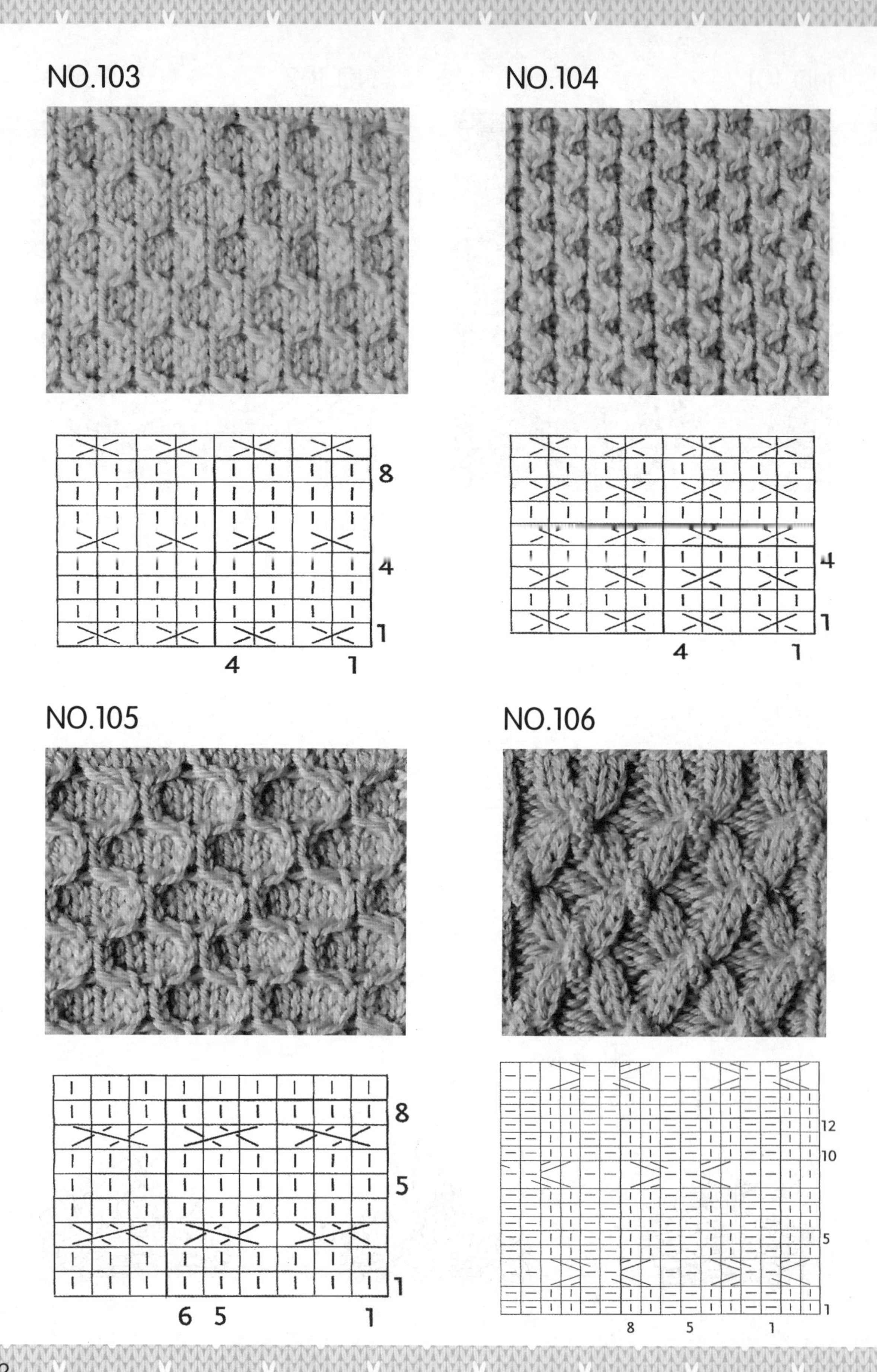

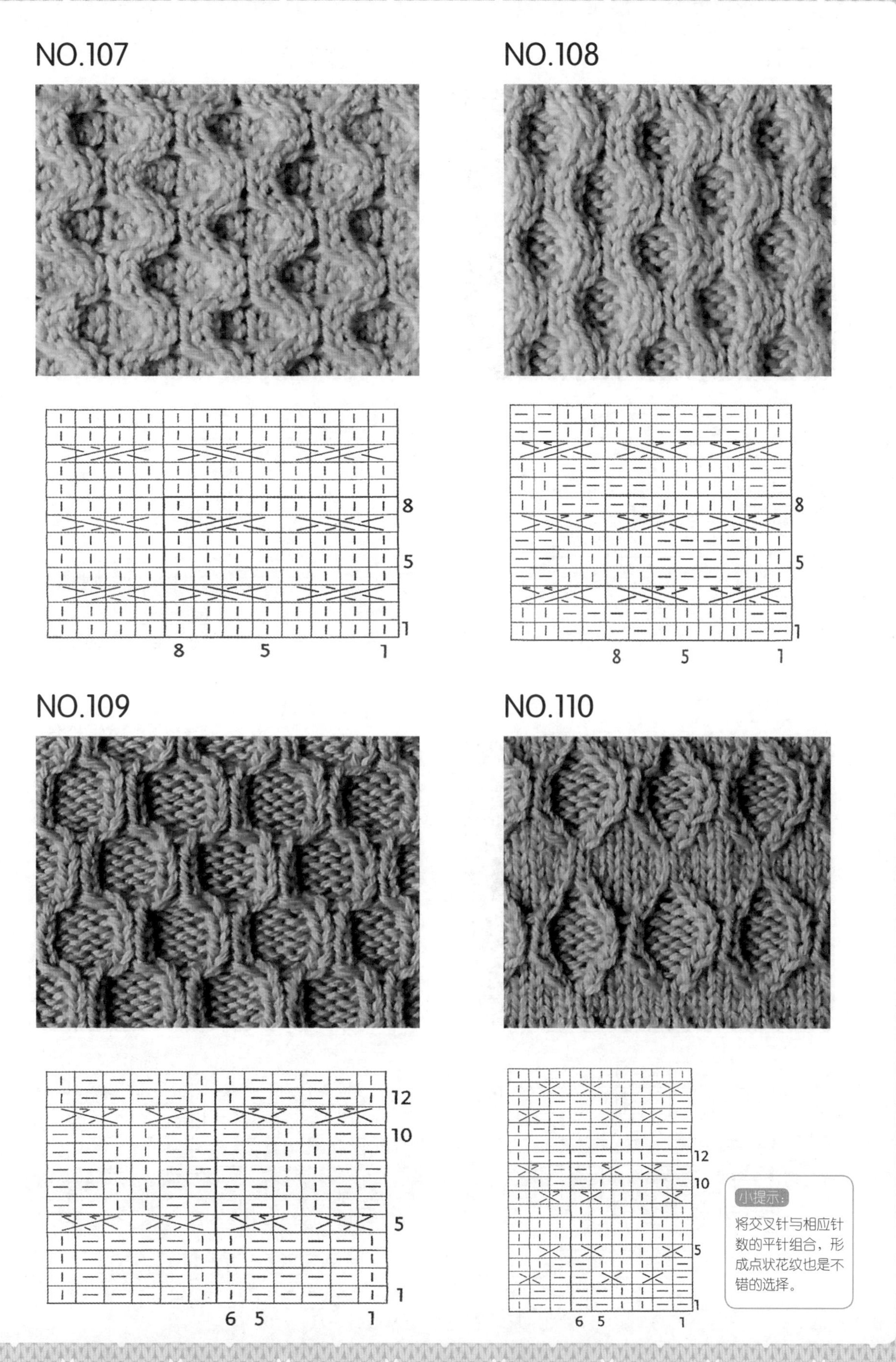
NO.107
NO.108
NO.109
NO.110
小提示：
将交叉针与相应针数的平针组合，形成点状花纹也是不错的选择。

NO.111
NO.112
NO.113
NO.114

NO.115

NO.116

NO.117

NO.118

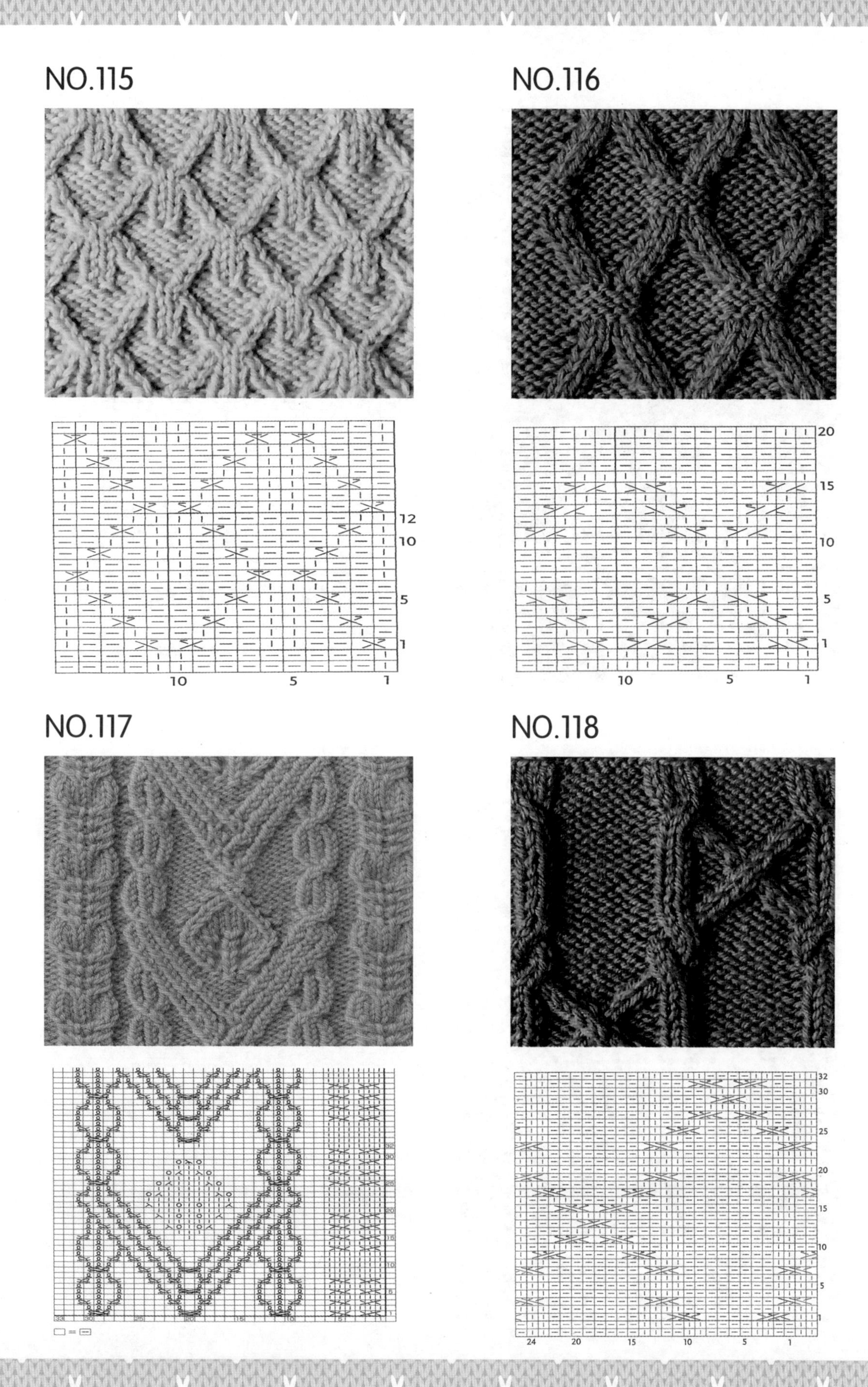

NO.119

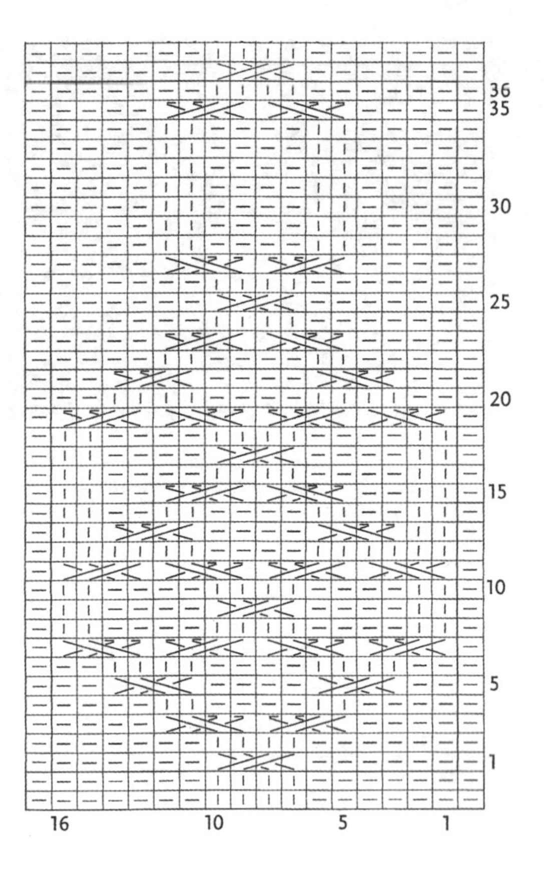

NO.120

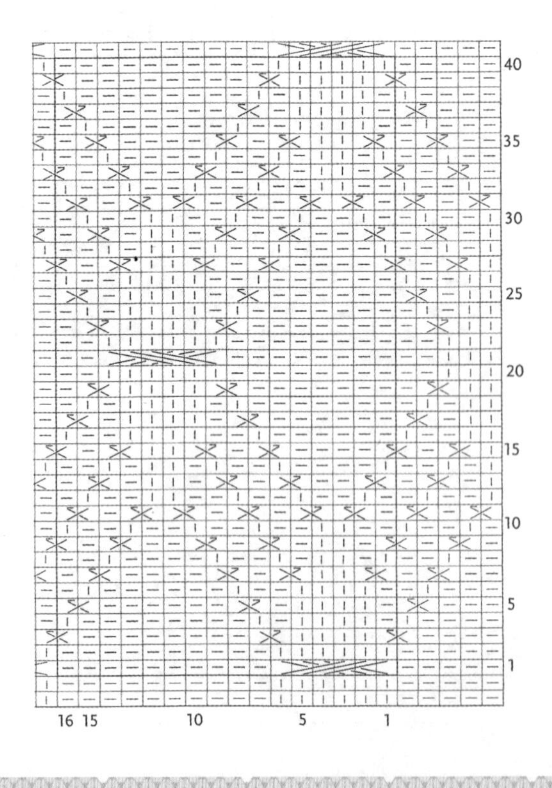

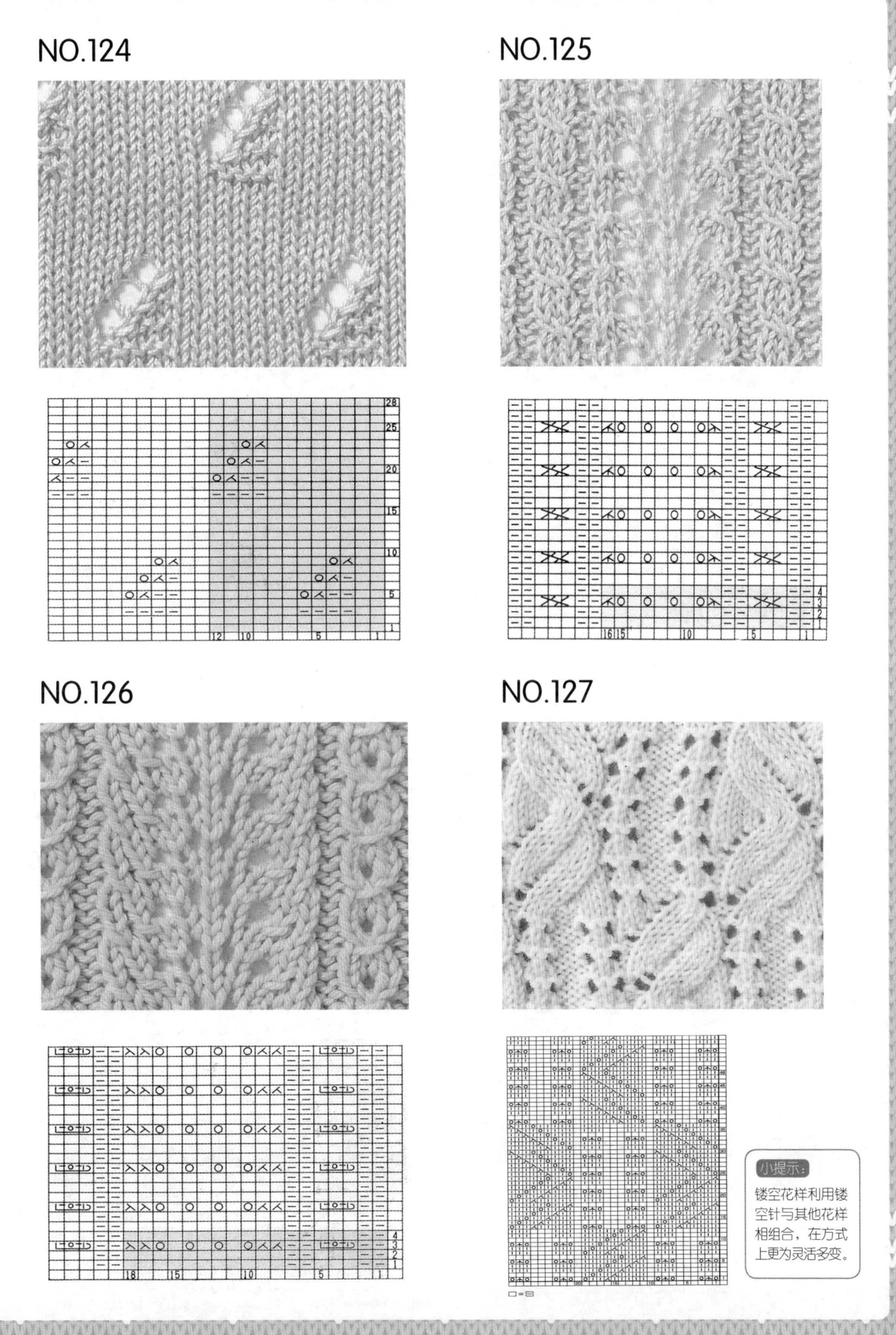
NO.124
NO.125
NO.126
NO.127
小提示:
镂空花样利用镂空针与其他花样相组合，在方式上更为灵活多变。

NO.128

NO.129

NO.130

NO.131

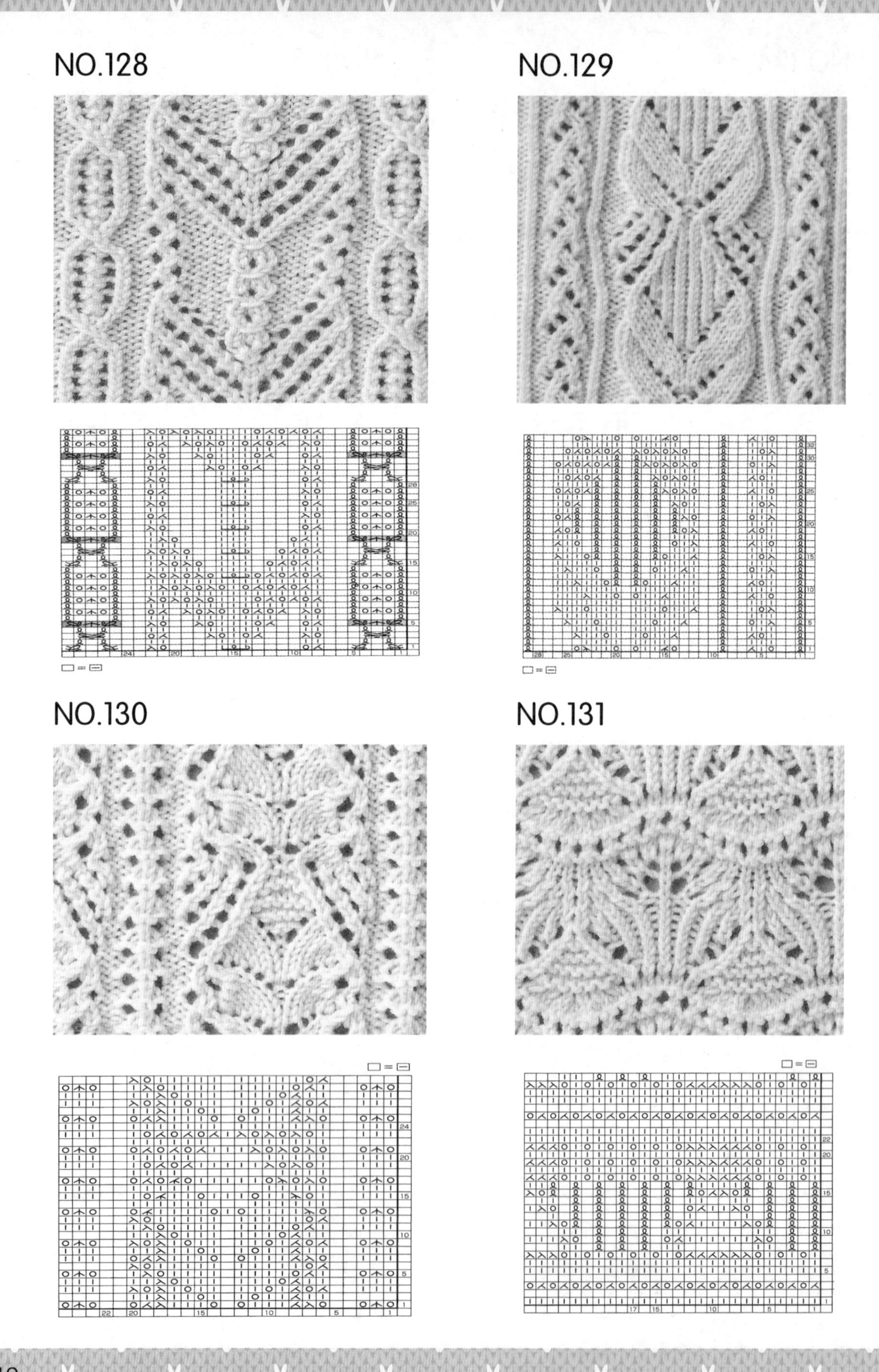

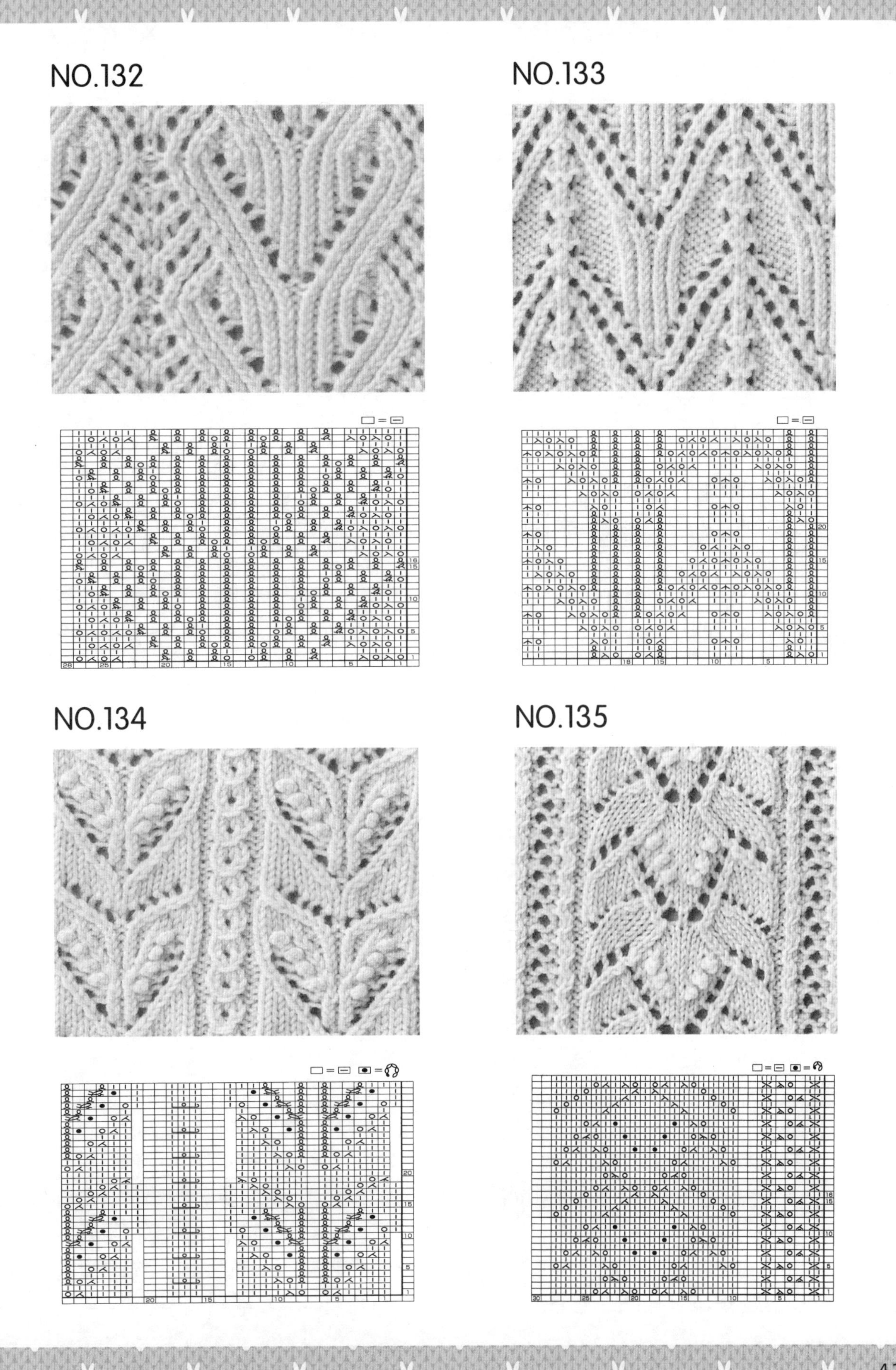
NO.132
NO.133
NO.134
NO.135

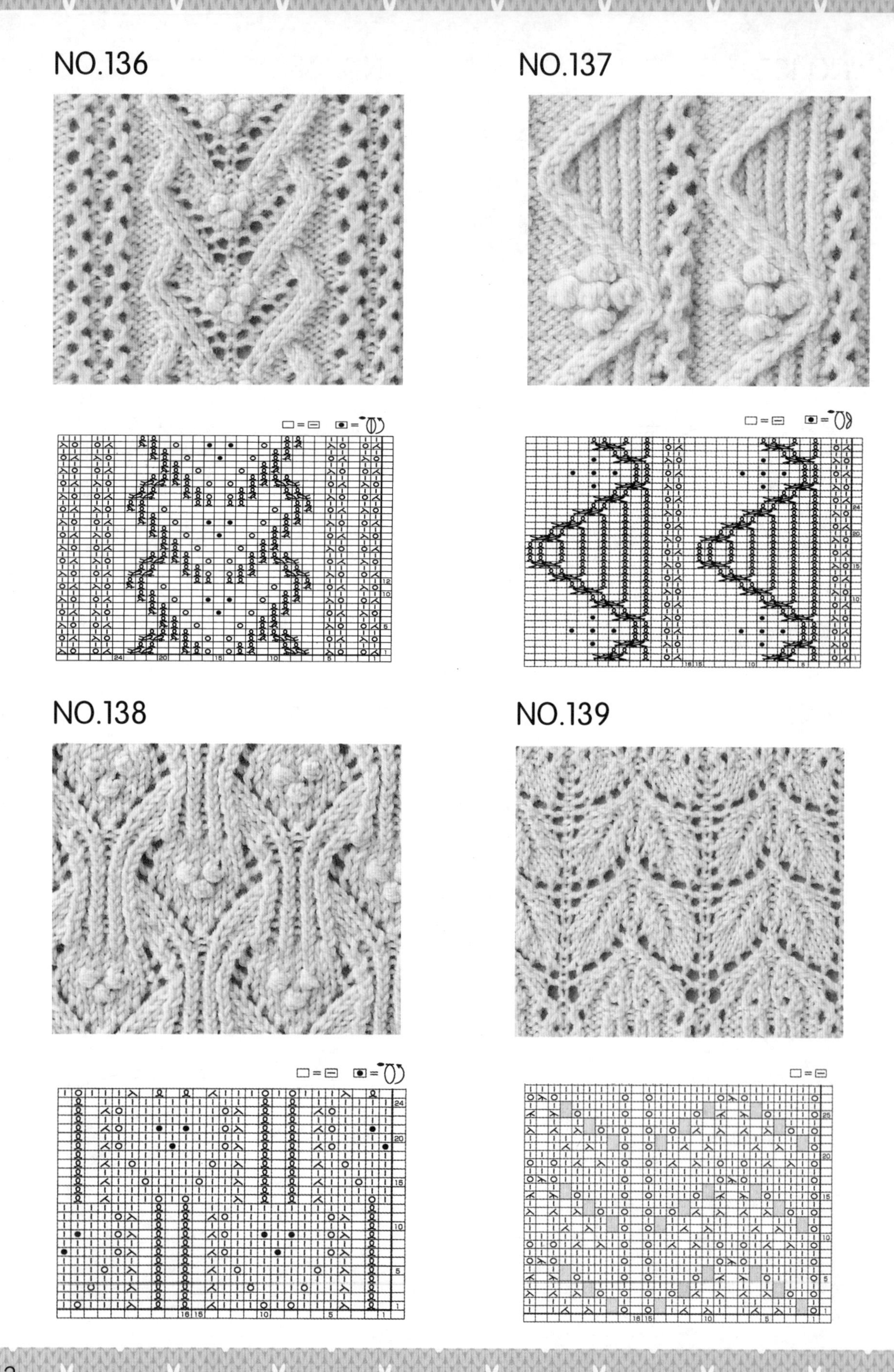
NO.136
NO.137
NO.138
NO.139

NO.140

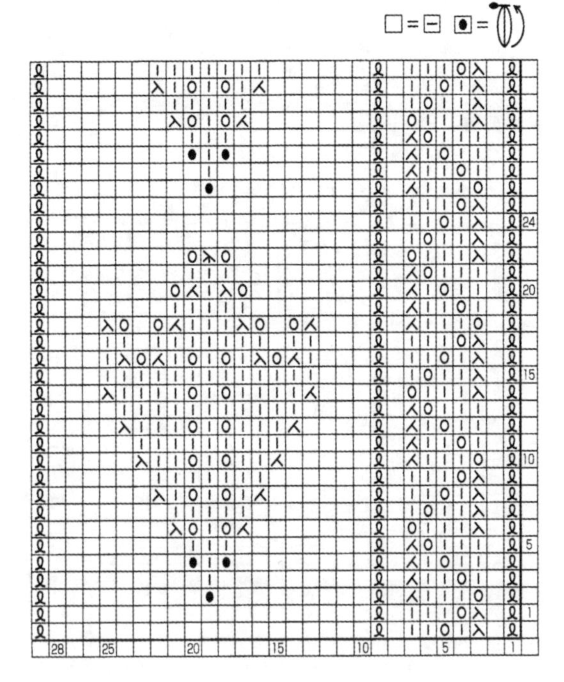

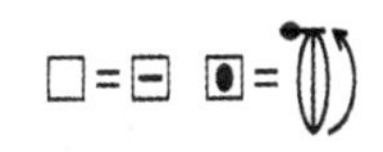

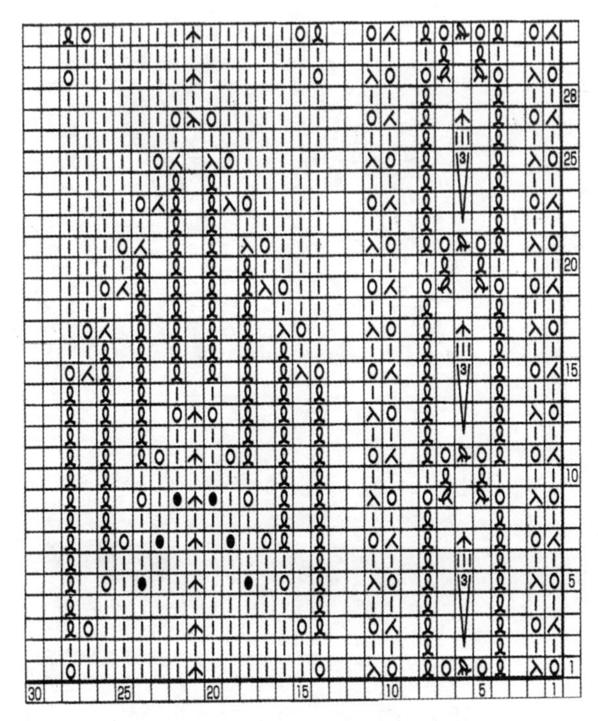

NO.141

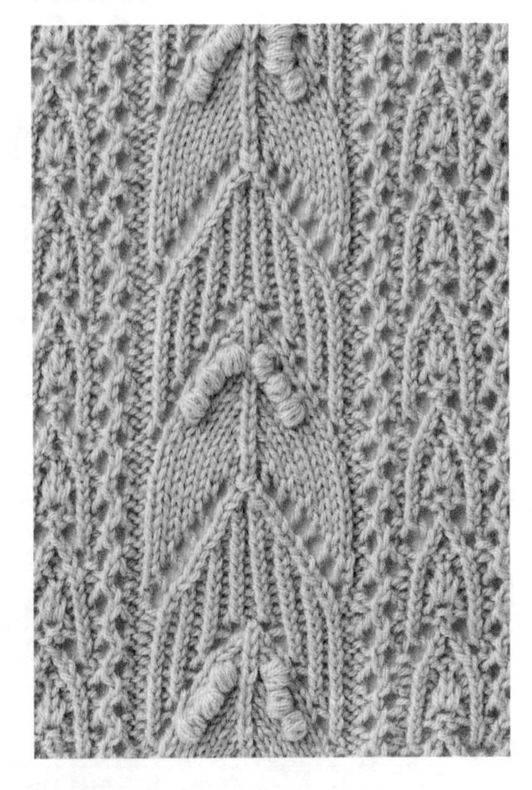

NO.142

NO.143

NO.144

NO.145

小提示:

镂空针可以突出花形，所以会较为频繁地出现在已经组合好的花形旁边。

NO.146
NO.147
NO.148
NO.149

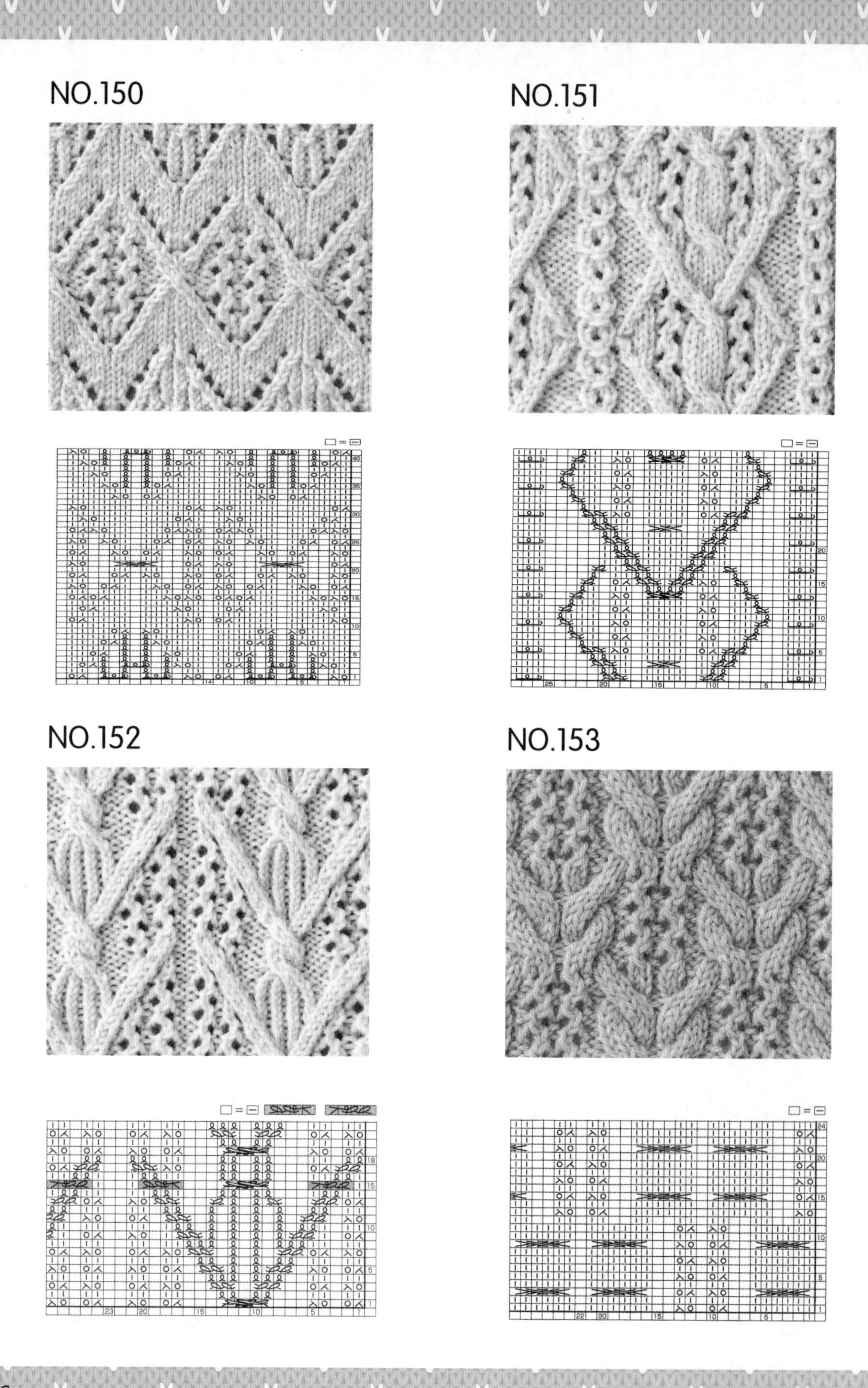
NO.150
NO.151
NO.152
NO.153

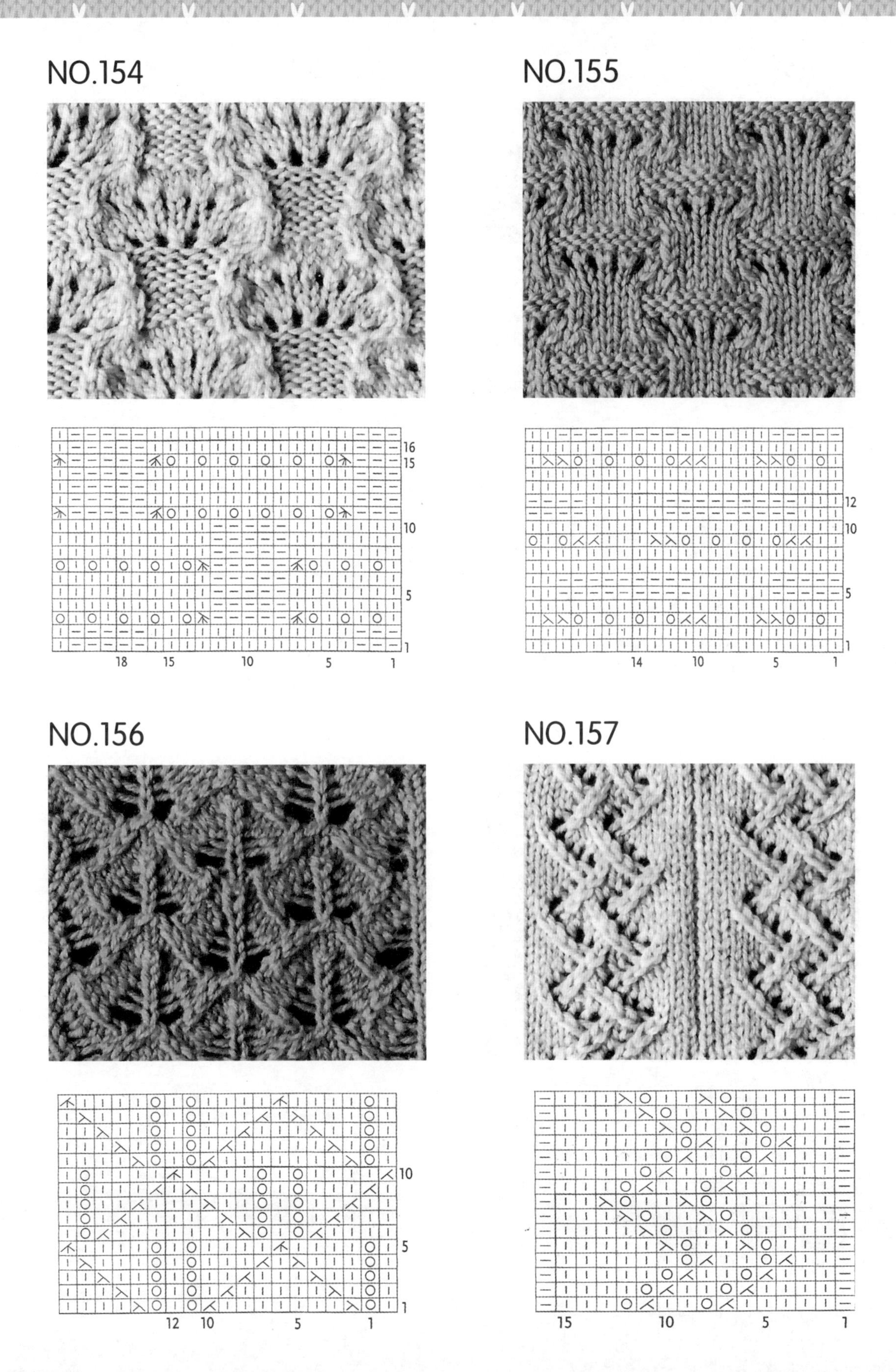
NO.154
16
15
10
5
1
18 15 10 5 1
NO.155
12
10
5
1
14 10 5 1
NO.156
10
5
1
12 10 5 1
NO.157
15 10 5 1

NO.158

NO.159

NO.160

NO.161

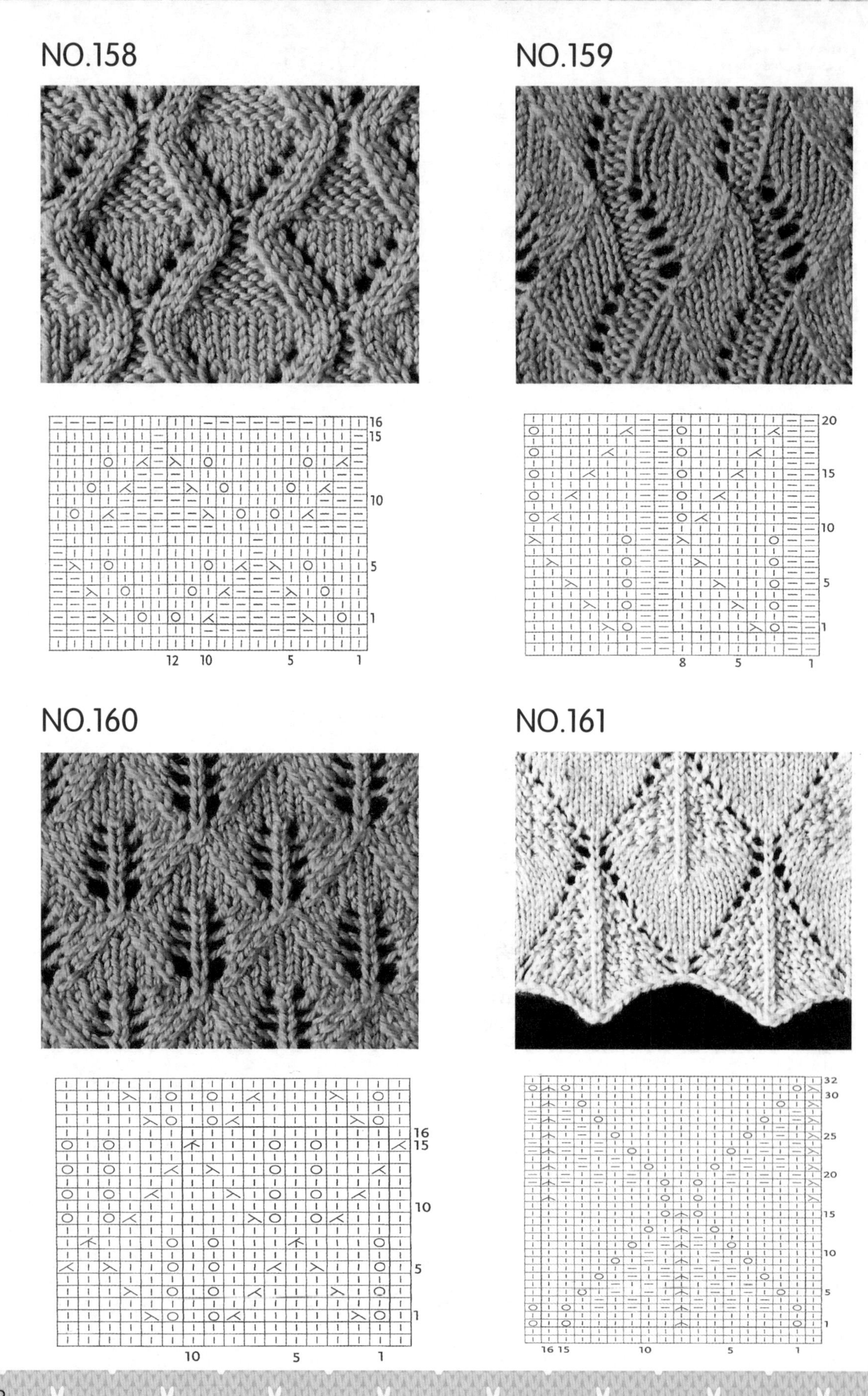

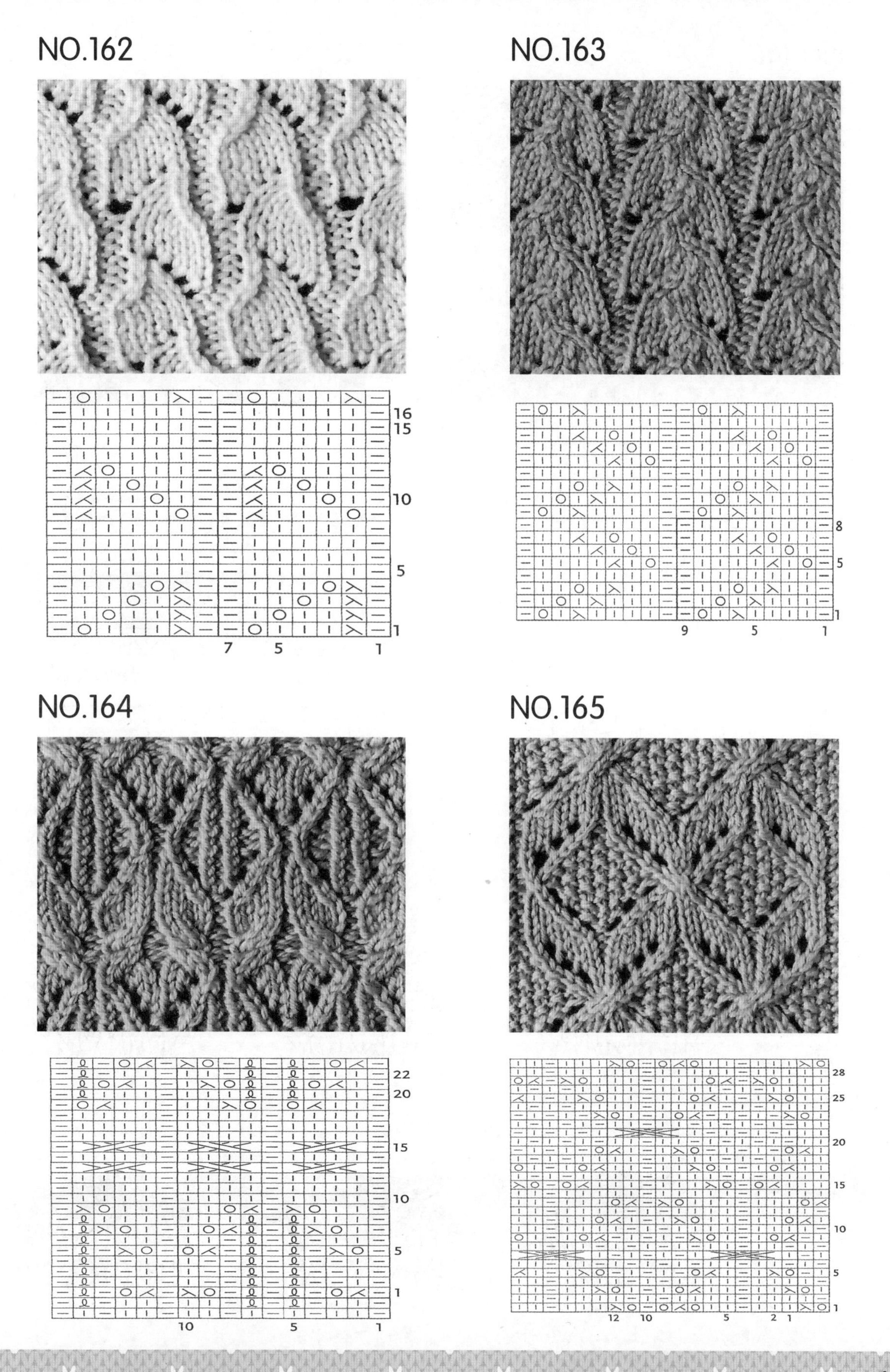
NO.162
NO.163
NO.164
NO.165

NO.166

NO.167

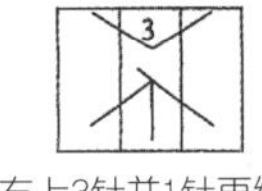

右上3针并1针再编3针

左上3针并1针
再编3针

※ “右上3针并1针再编3针”与“左上3针并1针再编3针”编织方法类似，只需先编织右边2针后，再编织左边1针即可。

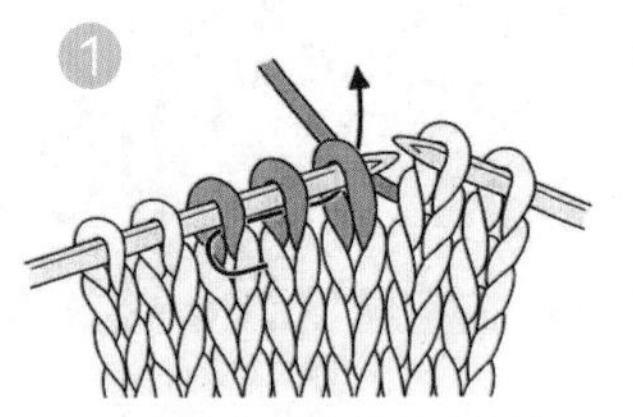

1.将右棒针按箭头方向从左棒针右边3针的左侧一次插针。

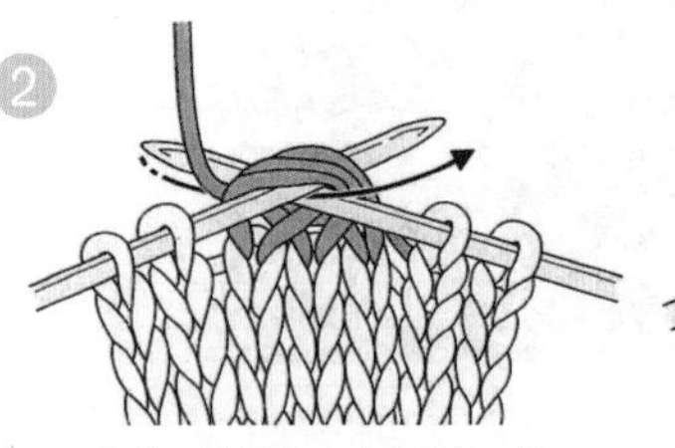

2.绕线，按箭头方向将3针一起编织下针。

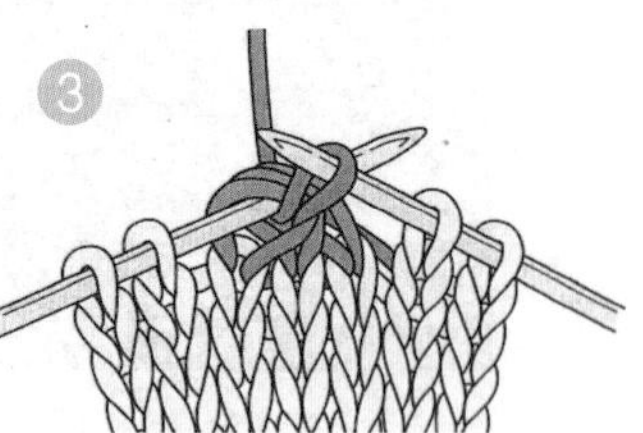

3.用右棒针拉出线圈，左棒针不抽出。

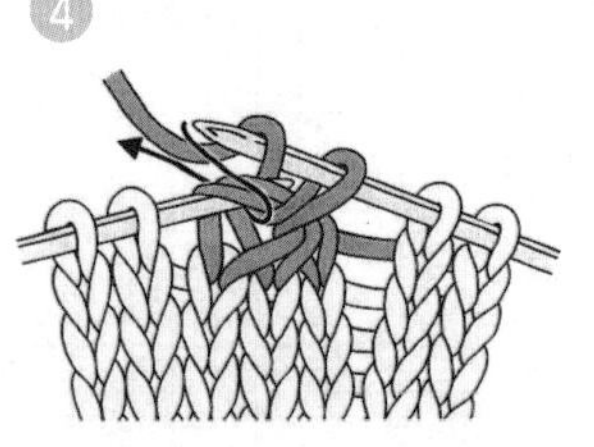

4.右棒针上绕线。

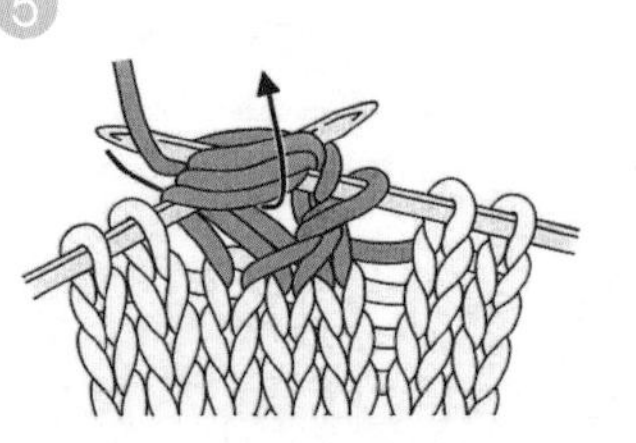

5.按箭头方向插入3针，编织下针。

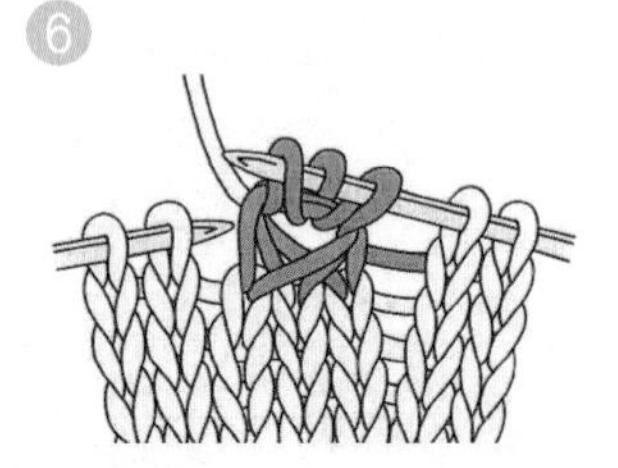

6.完成。

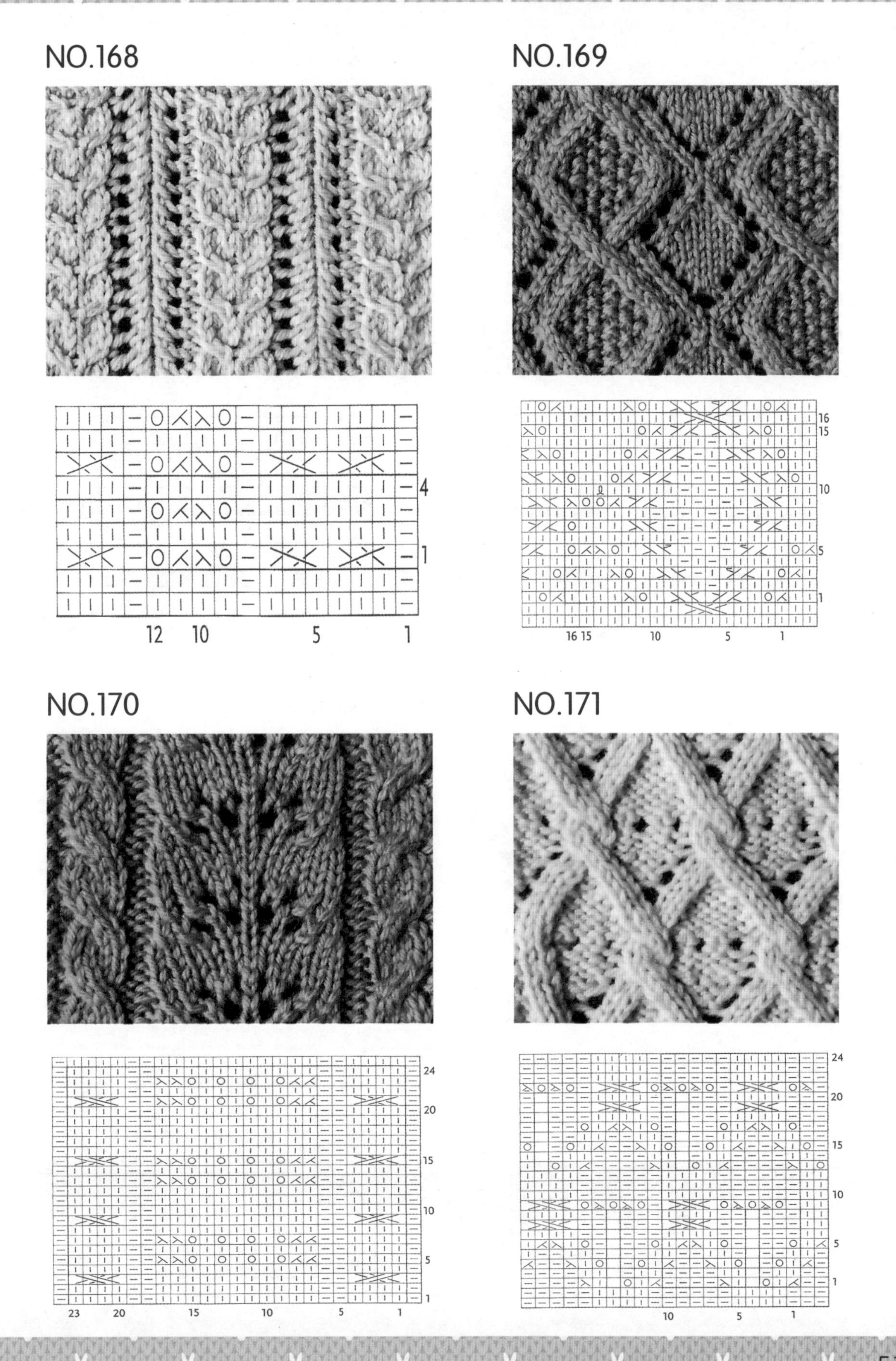
NO.168
NO.169
NO.170
NO.171

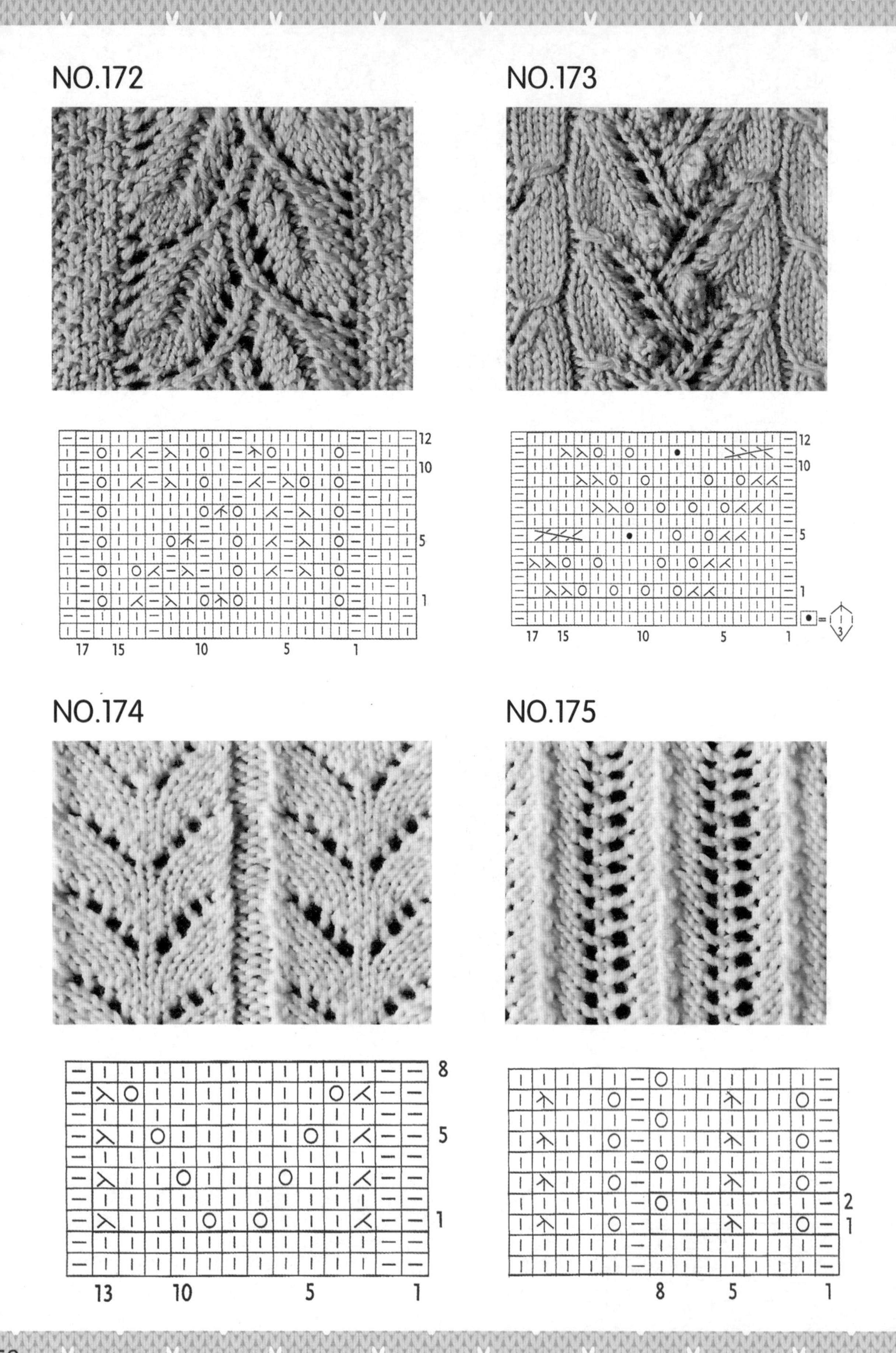
NO.172
NO.173
NO.174
NO.175
12
10
5
1
17 15 10 5 1
8
13 10 5 1
2
8 5 1

第四章

配色花样

配色花样，是通过将不同颜色的线材按照一定的规律进行组合形成的花样。其中包括嵌入花样和连续配色花样。

NO.176

图解见第95页

NO.177
001
002
003
NO.178
004
005
006
NO.179
007
008
NO.180
009
010
011

NO.181
012
◀012
24
20
NO.182
◀013
◀014
◀015
013
17
26
014
4
16
015
17
26
NO.183
◀016
◀017
◀018
016
2
4
017
17
20
018
9
16

NO.184
◀019
◀020
◀021
019
5
8
020
2
4
021
11
16
NO.185
◀022
◀023
022
9
12
023
15
16
NO.186
◀024
◀025
◀026
024
7
6
025
1
2
026
15
14
NO.187
◀027
◀028
◀029
027
11
16
028
5
8
029
11
16

NO.188
NO.189
NO.190
030
031
032
033
034
035
036
12
18
24
4
5
15
10
1

NO.191
◀037
◀038
037
14
21
038
9
12
NO.192
◀039
◀040
039
10
12
040
19
28
NO.193
◀041
◀042
041
2
4
042
17
24
NO.194
◀043
◀044
043
2
8
044
17
24

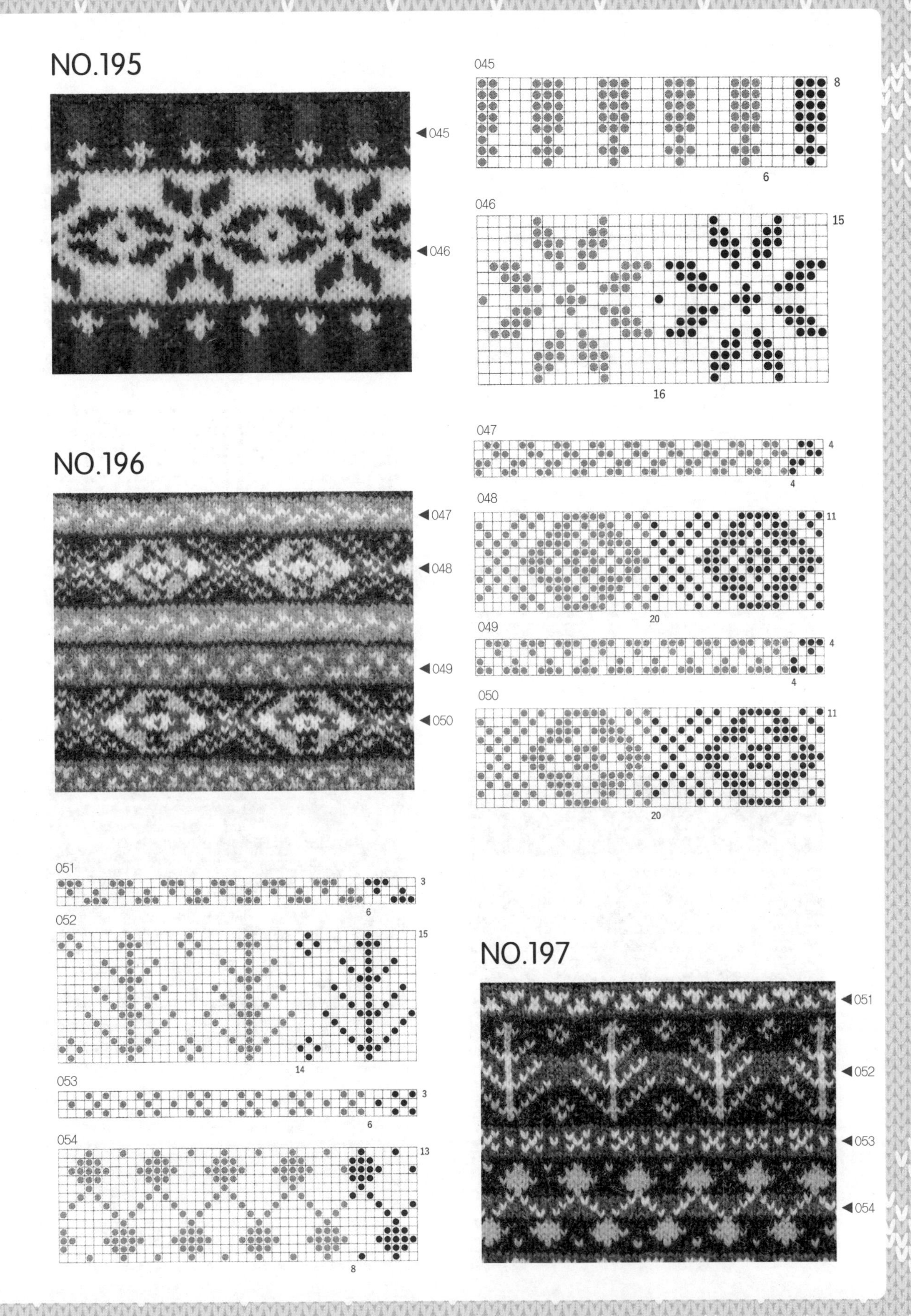
NO.195
045
046
NO.196
047
048
049
050
051
052
053
054
NO.197

NO.198
055
056
055
12
14
056
15
20
NO.199
057
058
057
17
34
058
17
34
NO.200
059
060
059
9
14
060
15
18
NO.201
061
062
061
5
8
062
11
20

NO.202
063
064
063
17
32
064
17
32
NO.203
065
066
065
15
6
066
15
22
NO.204
067
068
067
5
12
068
9
12
NO.205
069
070
069
4
18
070
11
14

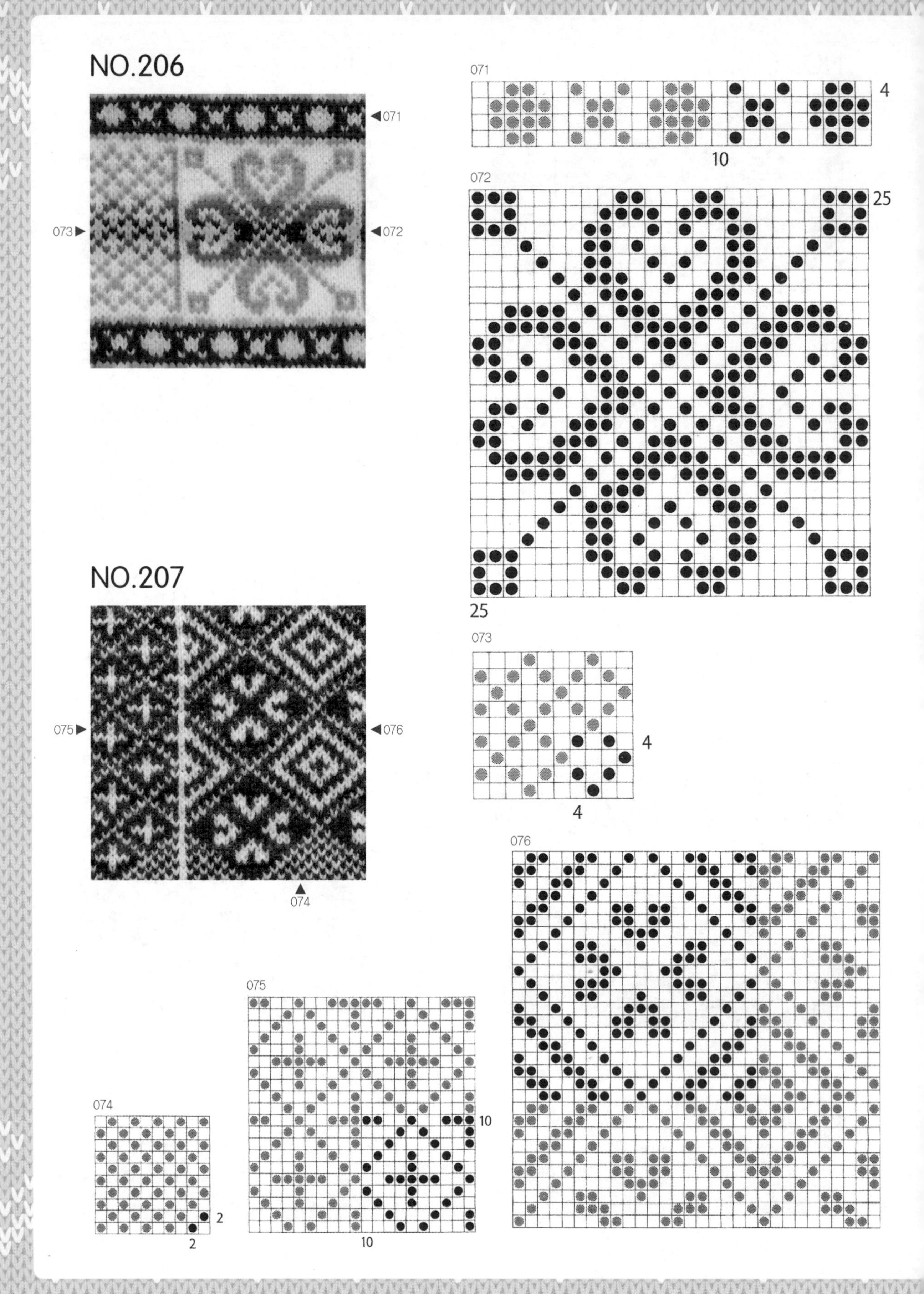
NO.206
071
072
073
4
10
25
NO.207
074
075
076
2

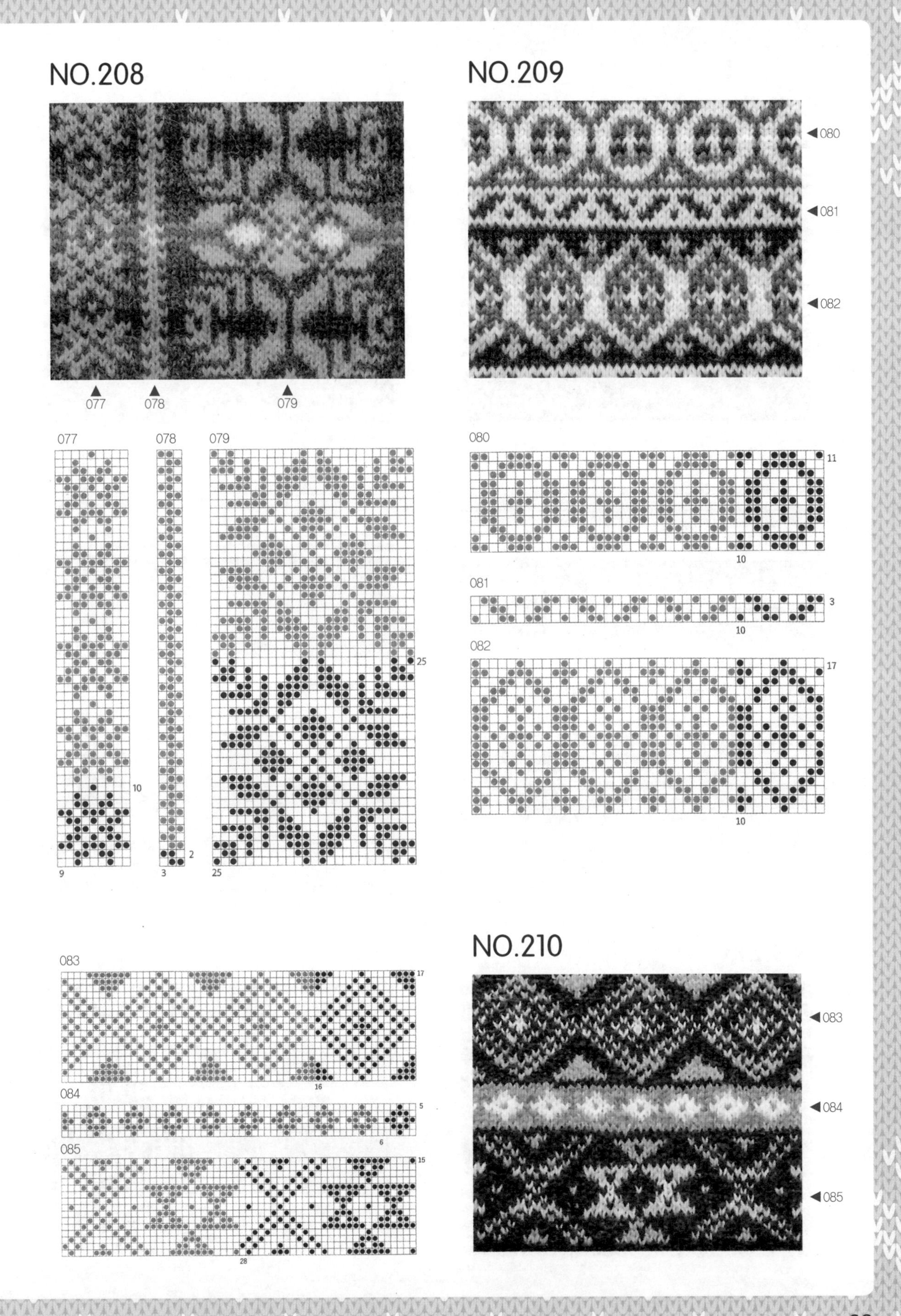
NO.208
077
078
079
077
078
079
10
2
25
9
3
25
NO.209
080
081
082
080
11
10
081
3
10
082
17
10
083
17
16
084
5
6
085
15
28
NO.210
083
084
085

NO.211

NO.212

NO.213

NO.214
098
099
100
101
NO.215
102
103
104
105
106
107
108
109
110
NO.216

NO.217
111
112
3
4
21
12
NO.218
113
114
115
2
4
3
4
11
12
NO.219
116
32
32

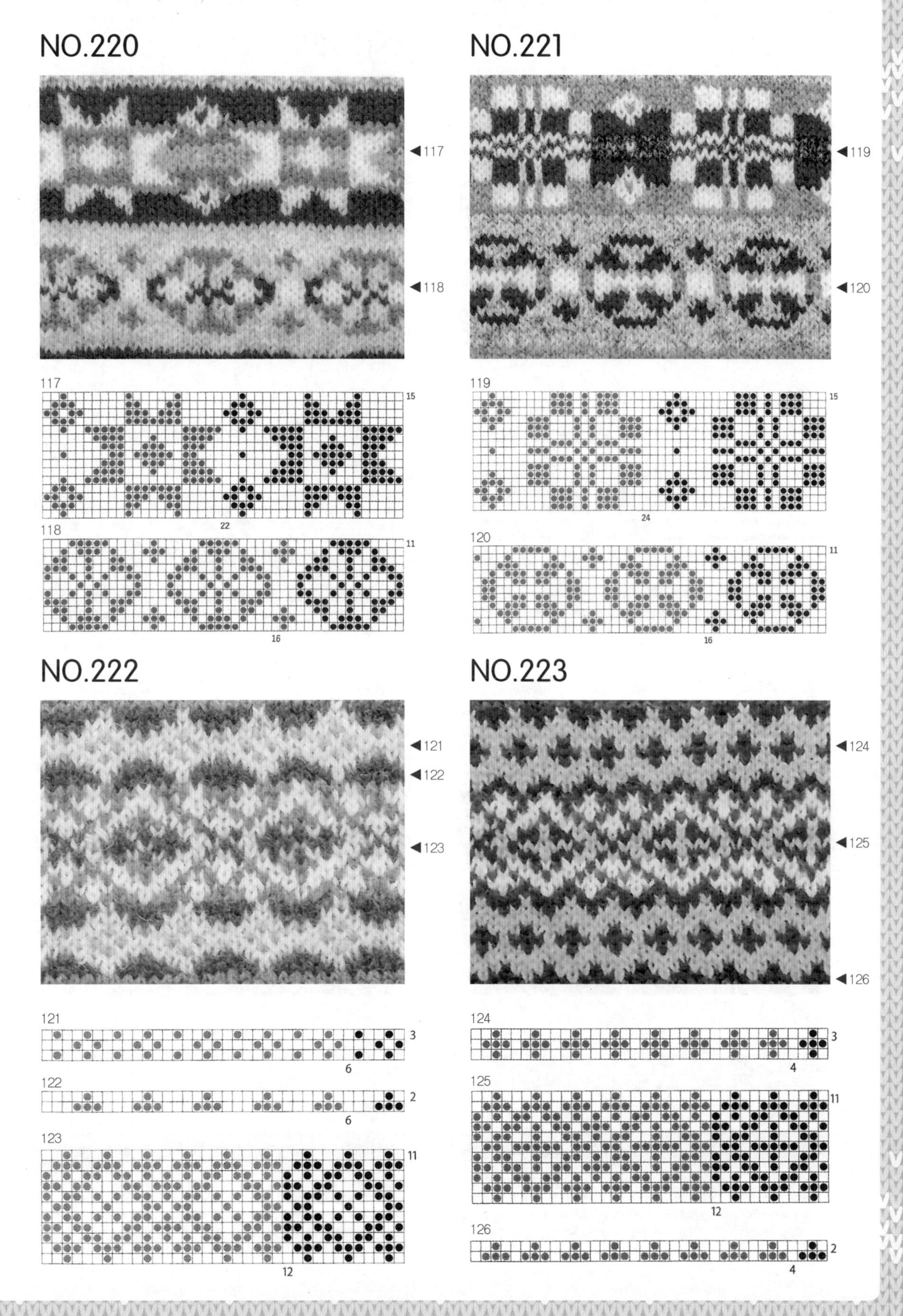

NO.220
◀117
◀118
117
15
22
118
11
16
NO.221
◀119
◀120
119
15
24
120
11
16
NO.222
◀121
◀122
◀123
121
3
6
122
2
6
123
11
12
NO.223
◀124
◀125
◀126
124
3
4
125
11
12
126
2
4

NO.224
127
128
13
18
5
18
NO.225
129
130
5
10
13
12
NO.226
131
132
5
6
11
12
NO.227
133
134
5
10
9
8

第五章

缘编花样

缘编花样，是指织物的边缘花样，通常由平针、交叉针和镂空针组成。出彩的缘编花样会使织物更美丽。

NO.228

图解见第96页

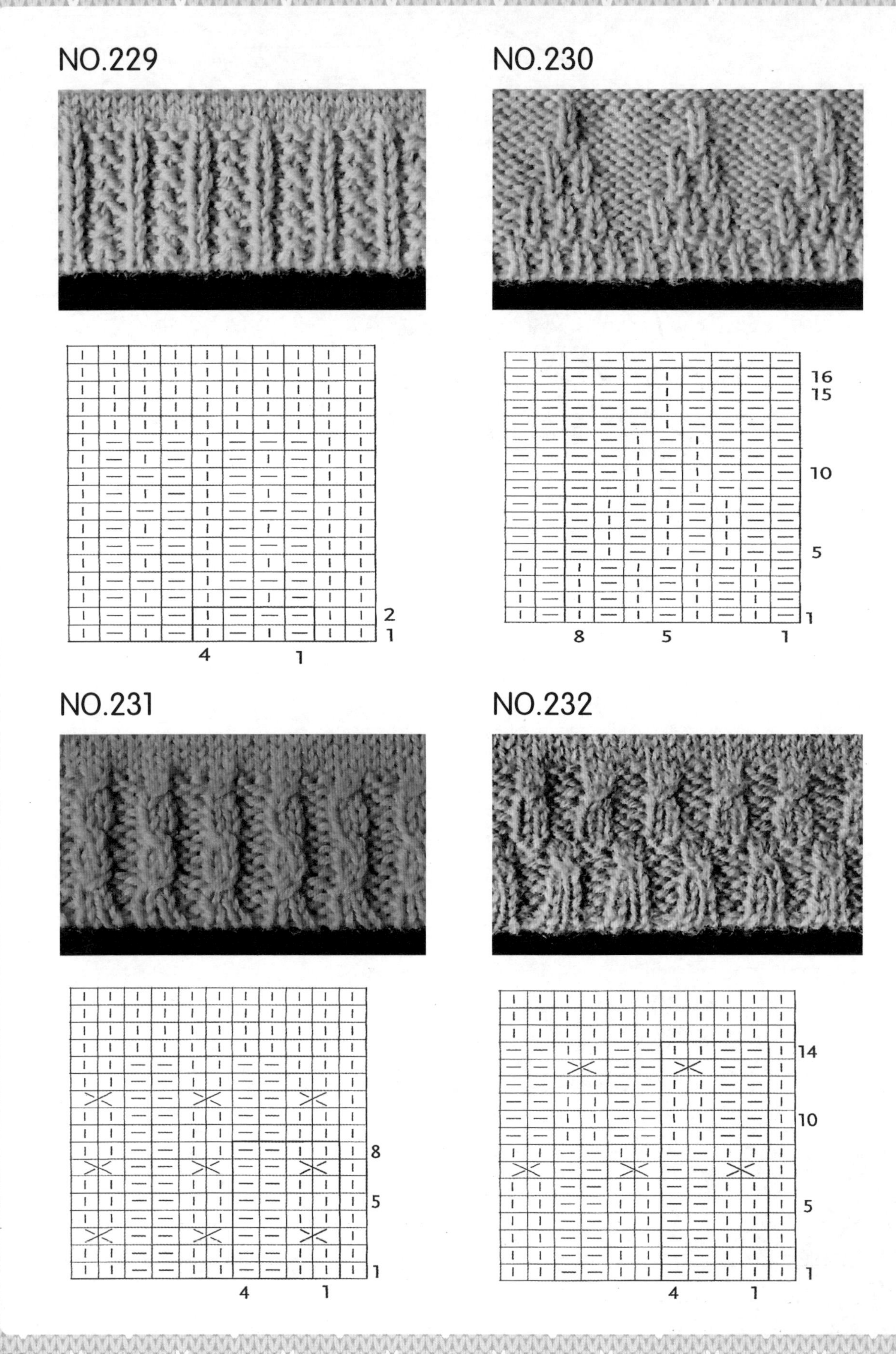
NO.229
NO.230
NO.231
NO.232

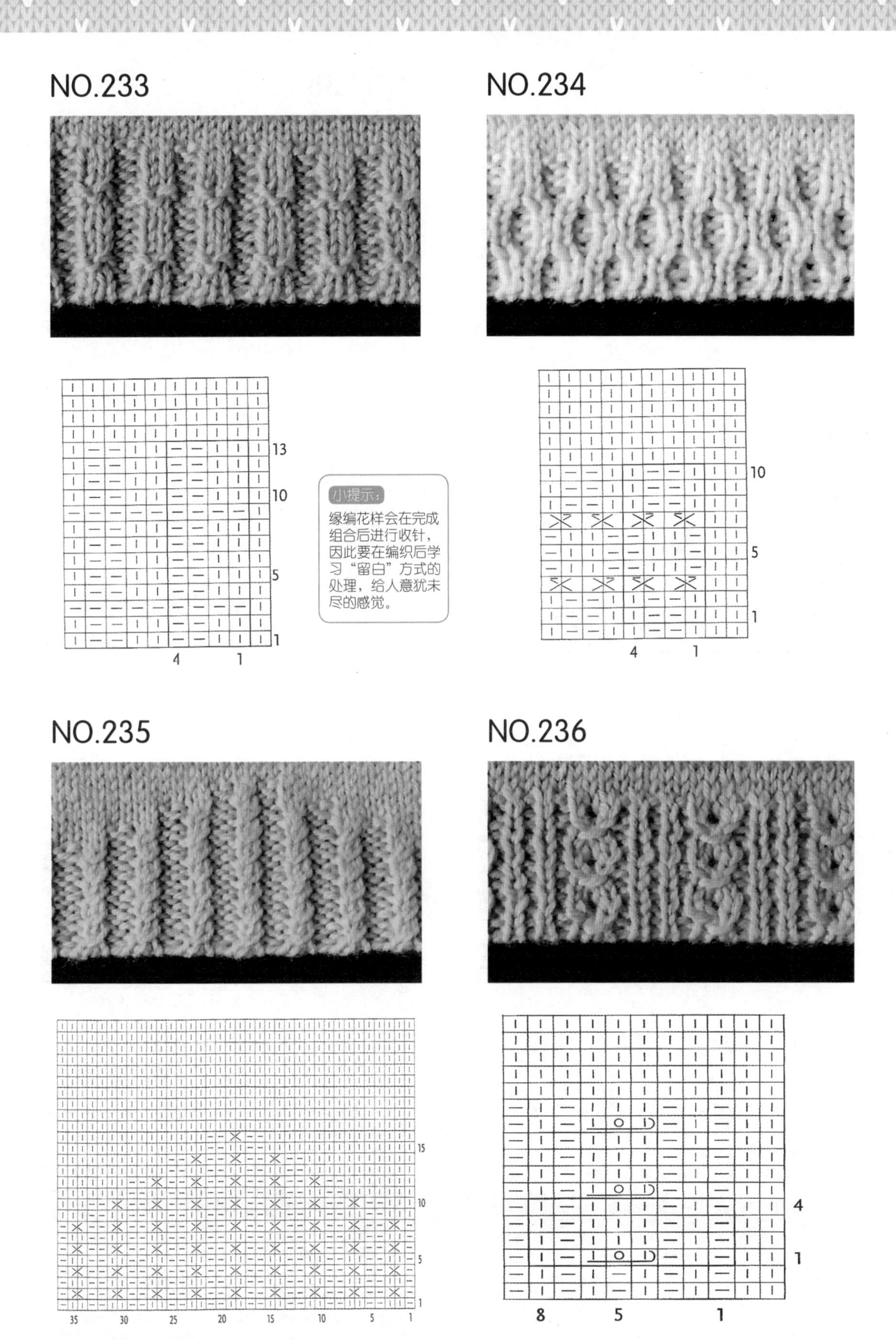
NO.233
NO.234
小提示：
缘编花样会在完成组合后进行收针，因此要在编织后学习“留白”方式的处理，给人意犹未尽的感觉。
NO.235
NO.236

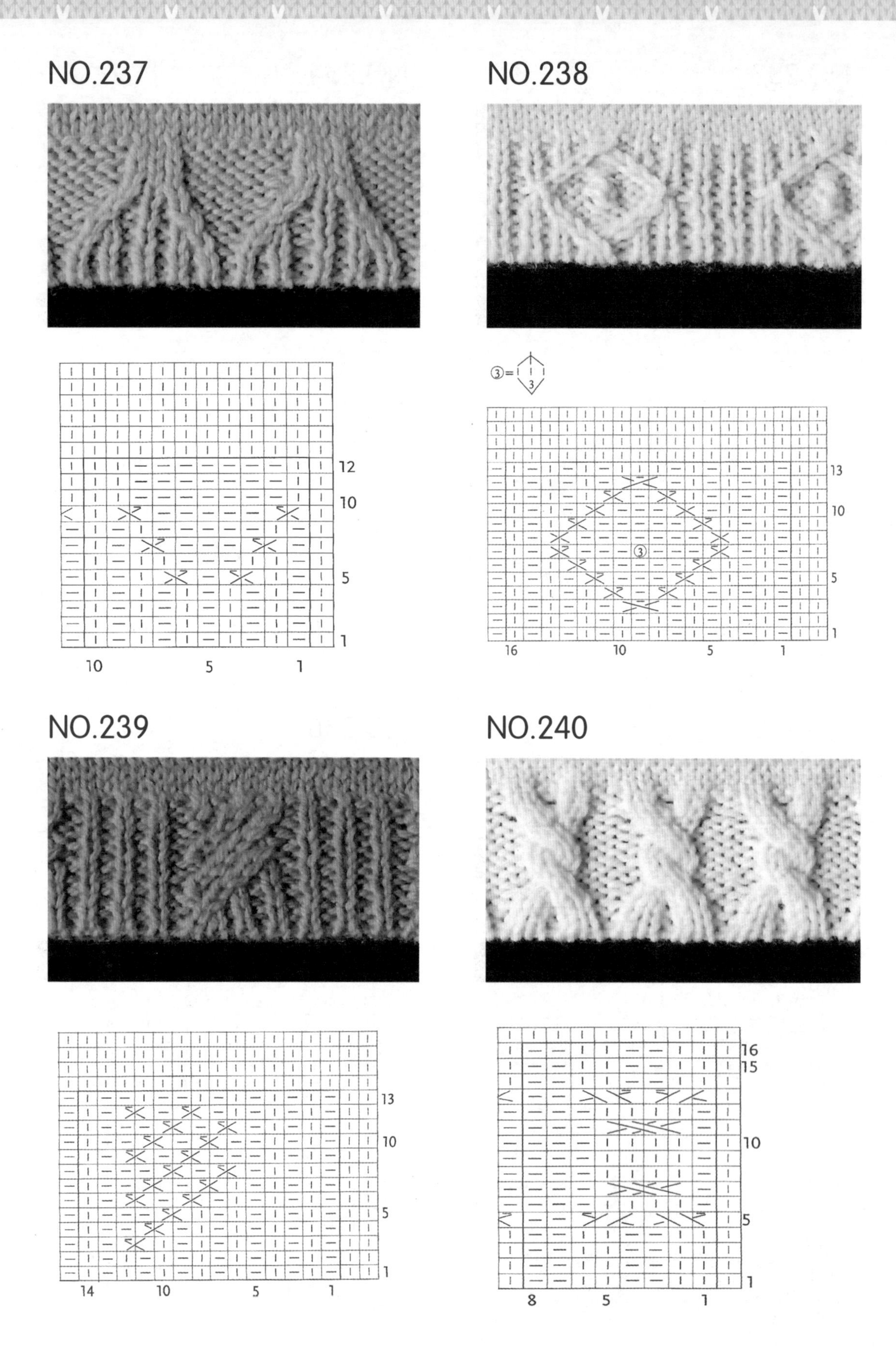
NO.237
12
10
5
1
10
5
1
NO.238
③=
3
13
10
5
1
16
10
5
1
NO.239
13
10
5
1
14
10
5
1
NO.240
16
15
10
5
1
8
5
1

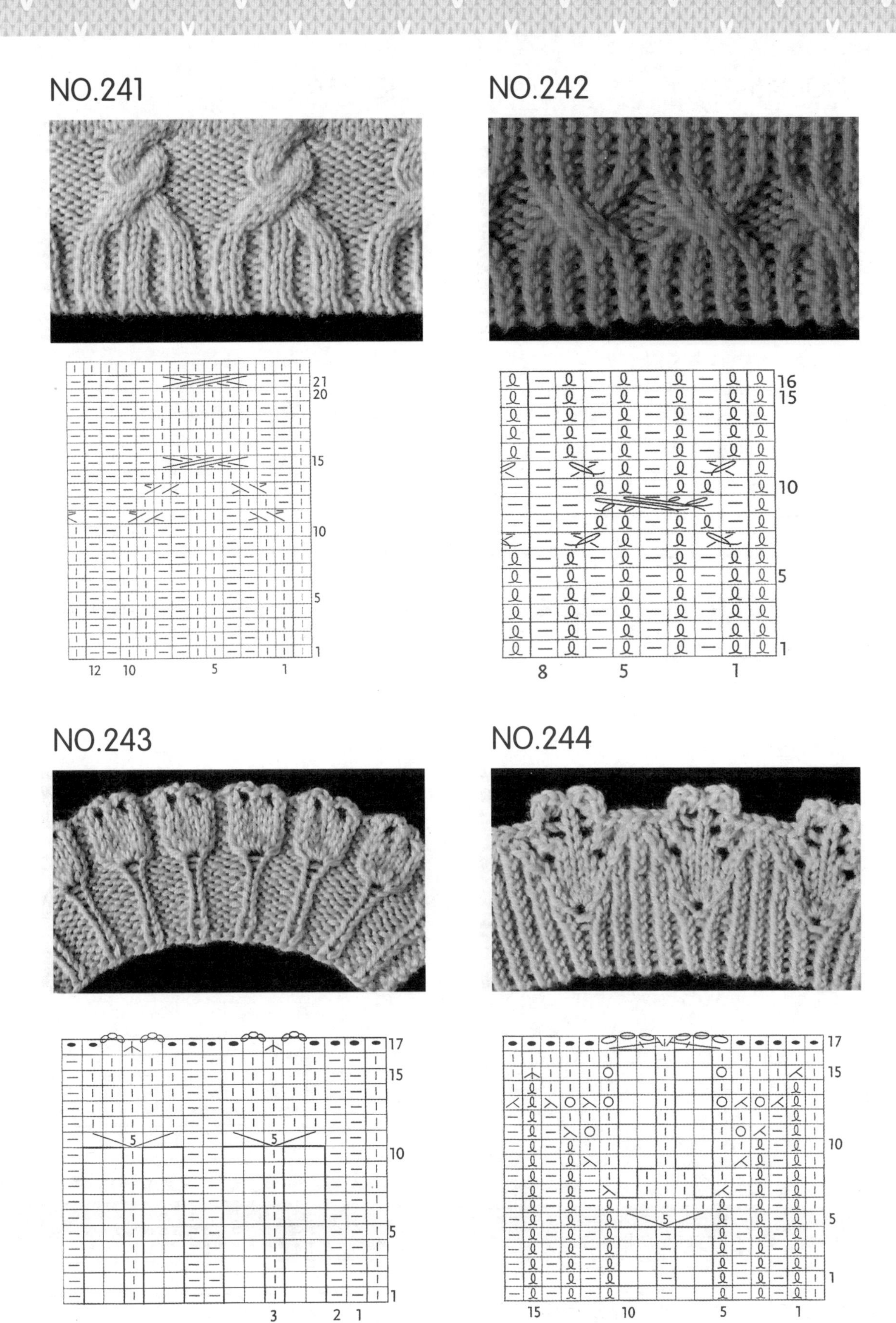
NO.241
NO.242
NO.243
NO.244

NO.245

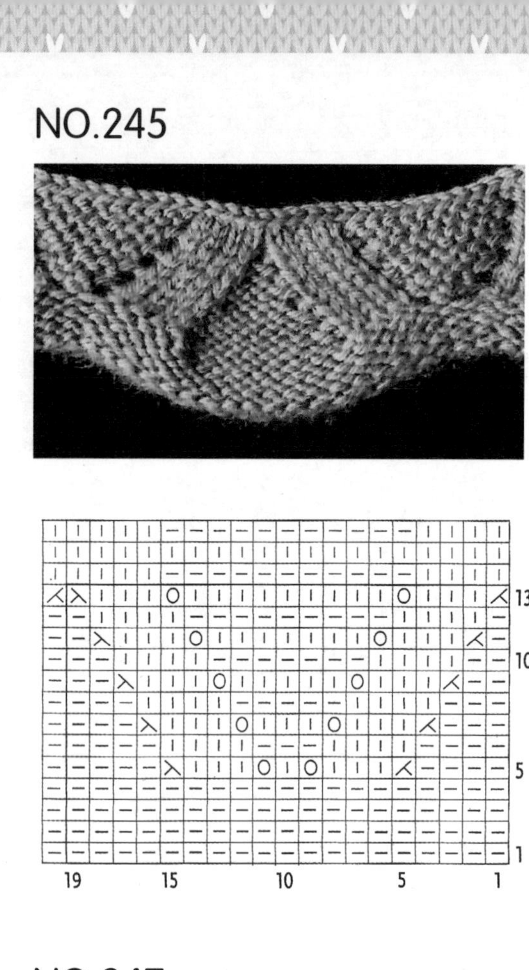

NO.246

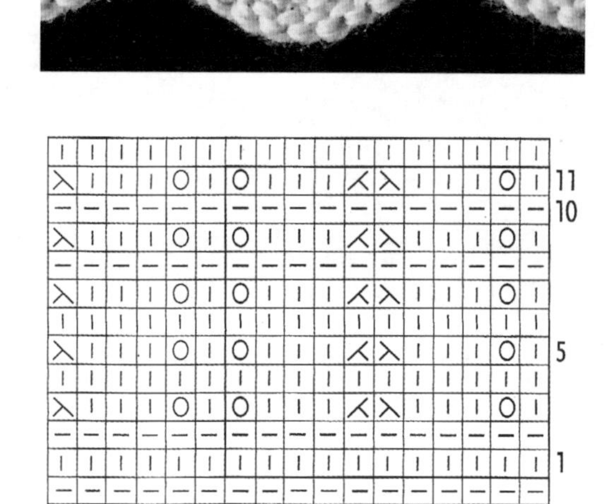

NO.247

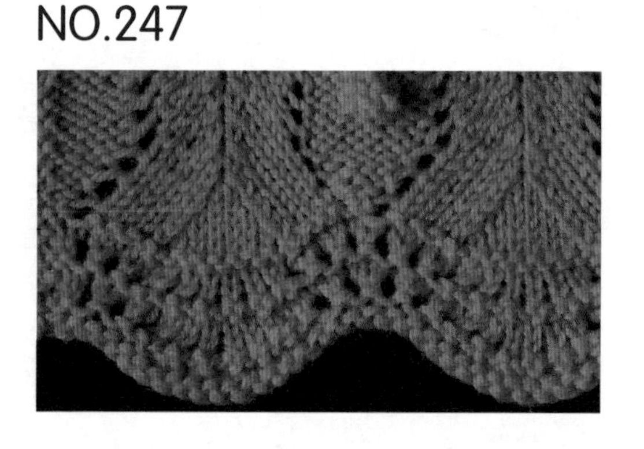

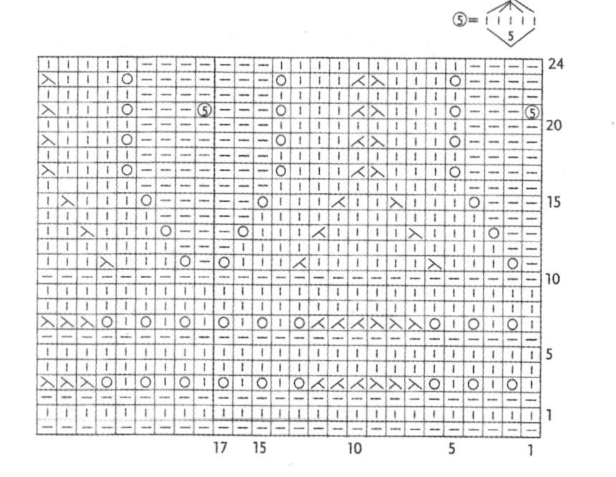

NO.248

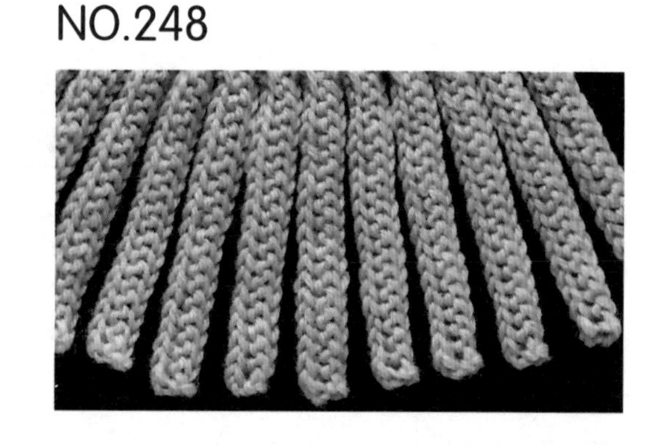

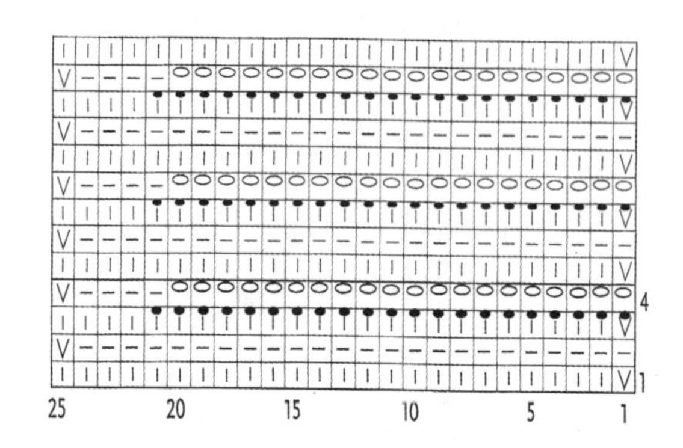

NO.249

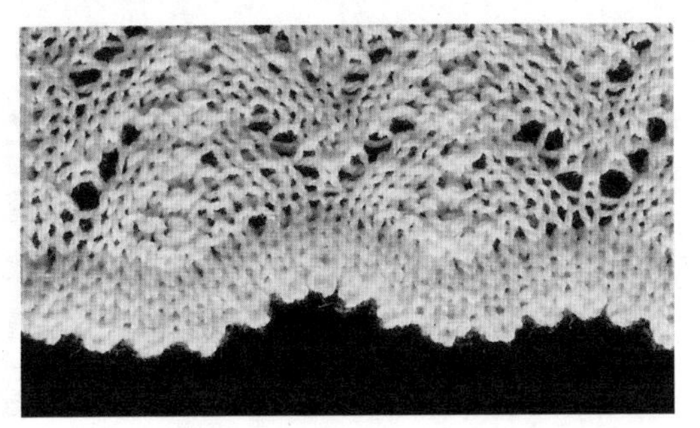

⋒ =与第1行下面1针的反面进行重叠编织

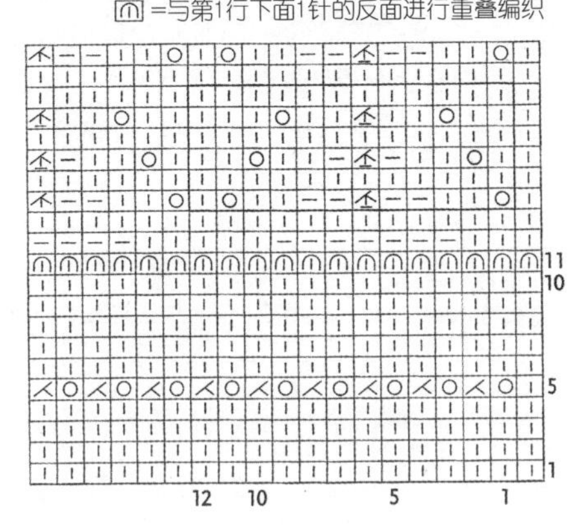

NO.250

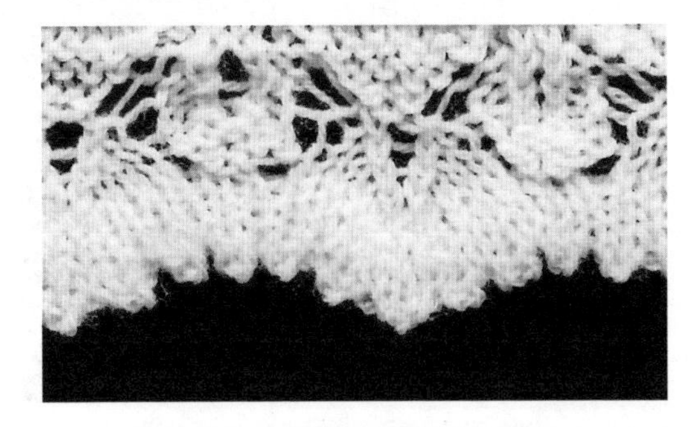

⋒ =与第1行下面1针的反面进行重叠编织

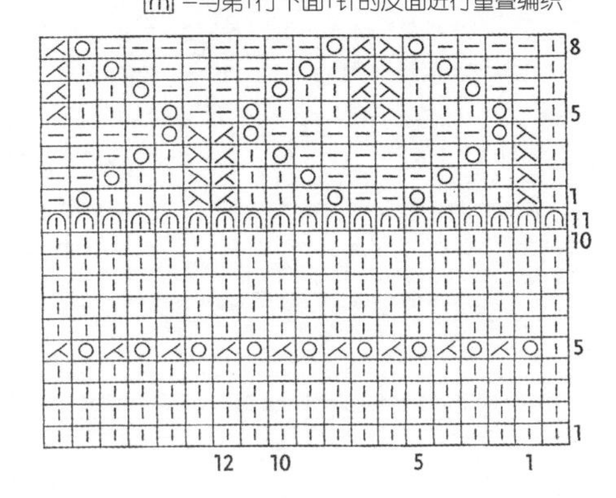

NO.251

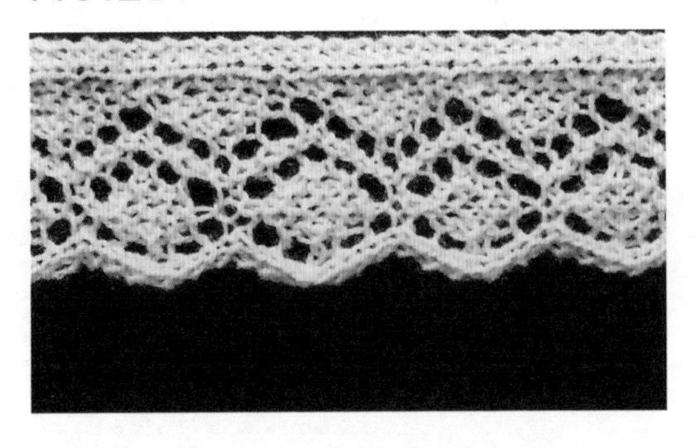

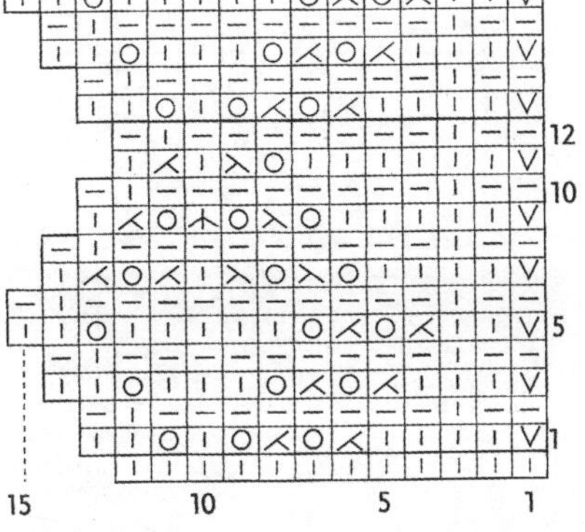

NO.252

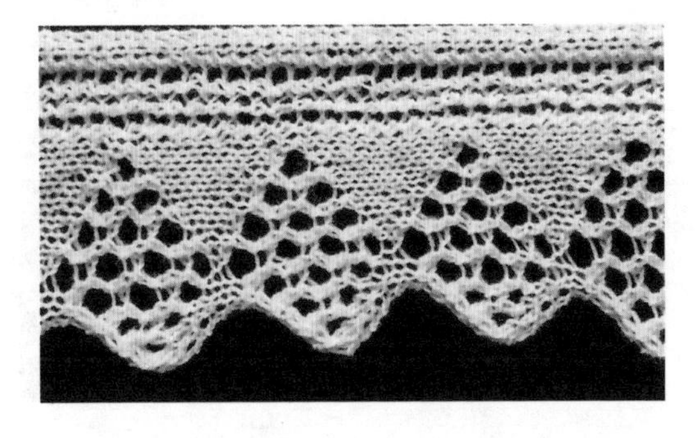

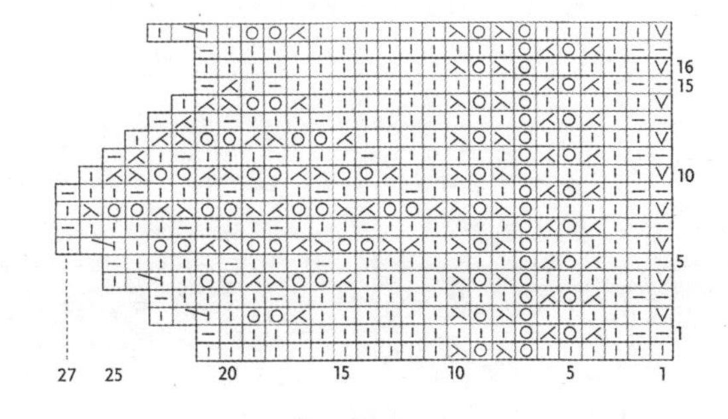

NO.253

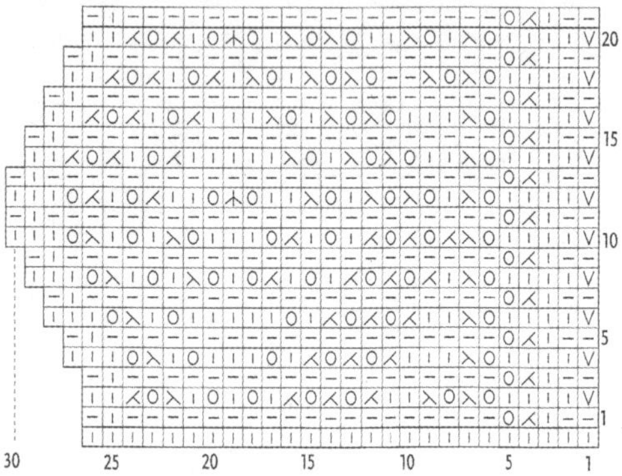

NO.254

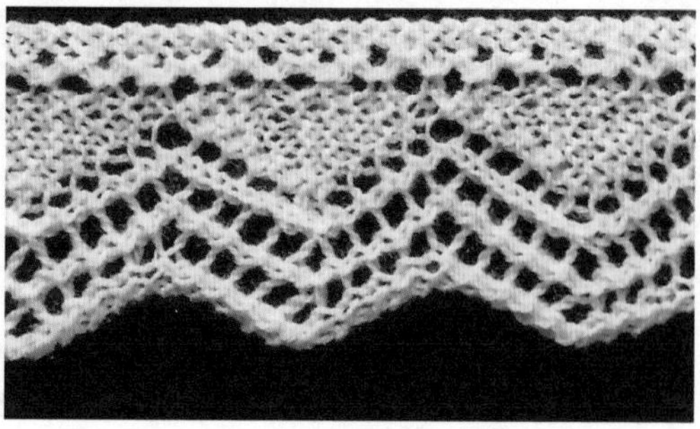

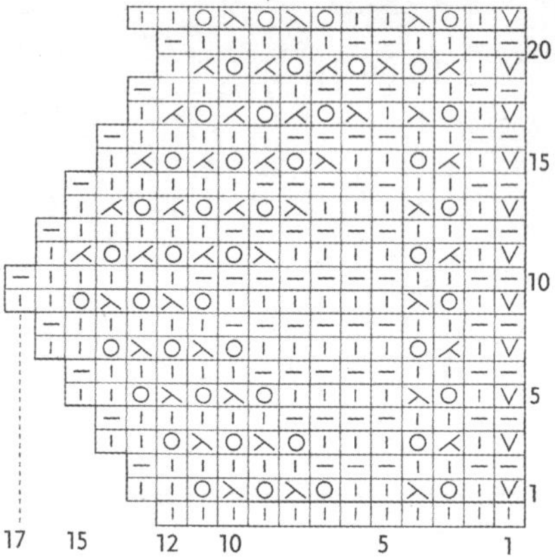

NO.255

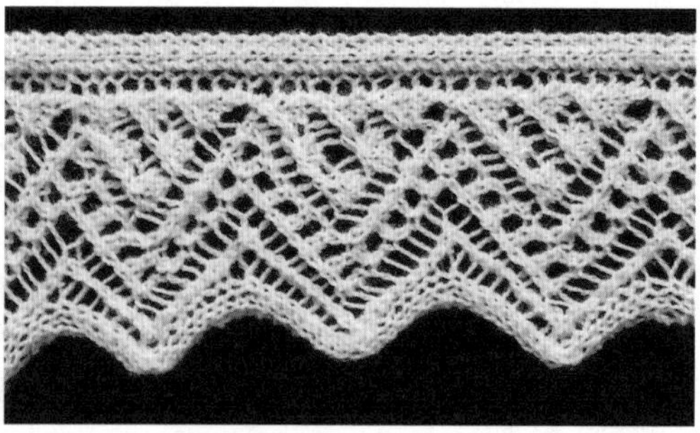

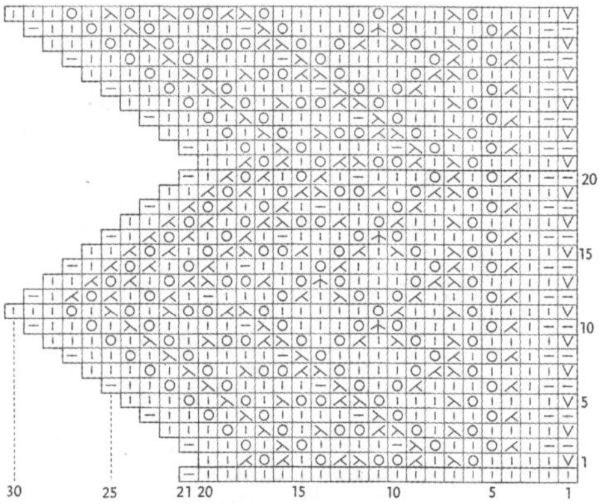

NO.256

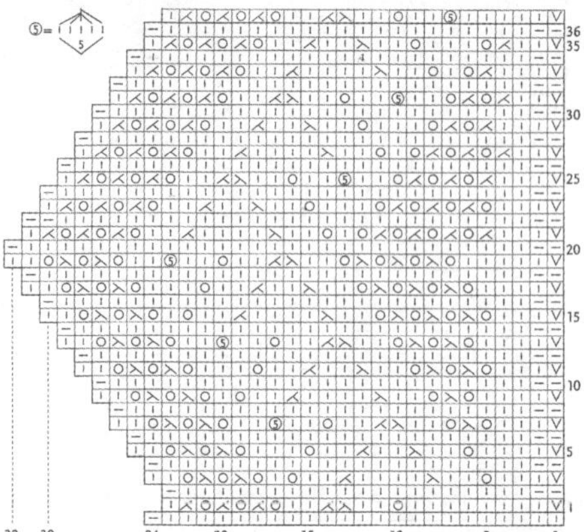

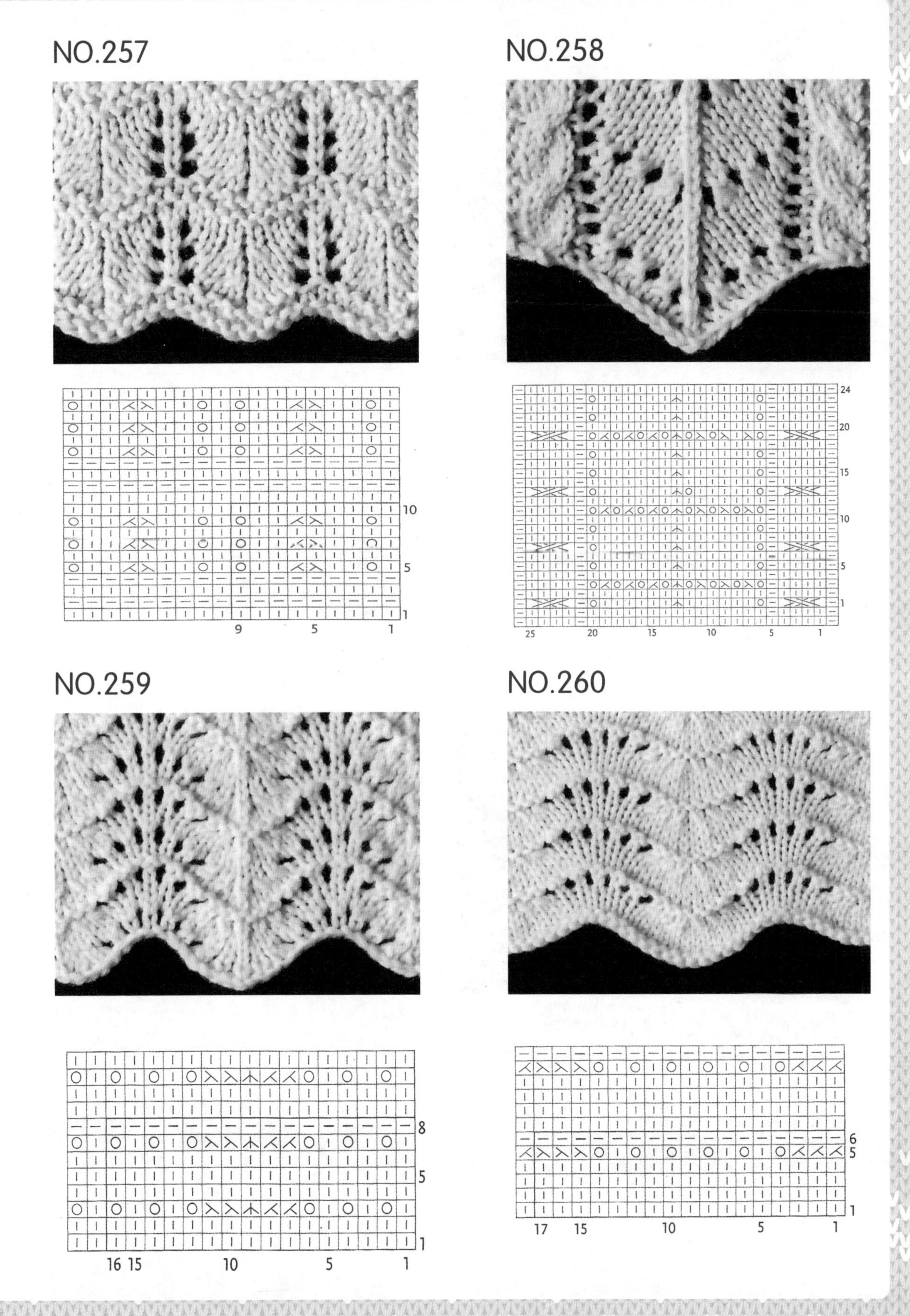
NO.257
10
5
1
9
5
1
NO.258
24
20
15
10
5
1
25
20
15
10
5
1
NO.259
8
5
1
16 15
10
5
1
NO.260
6
5
1
17
15
10
5
1

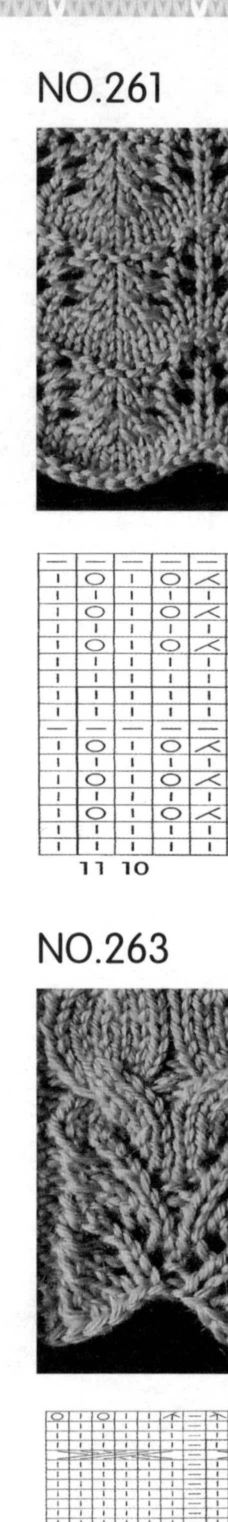

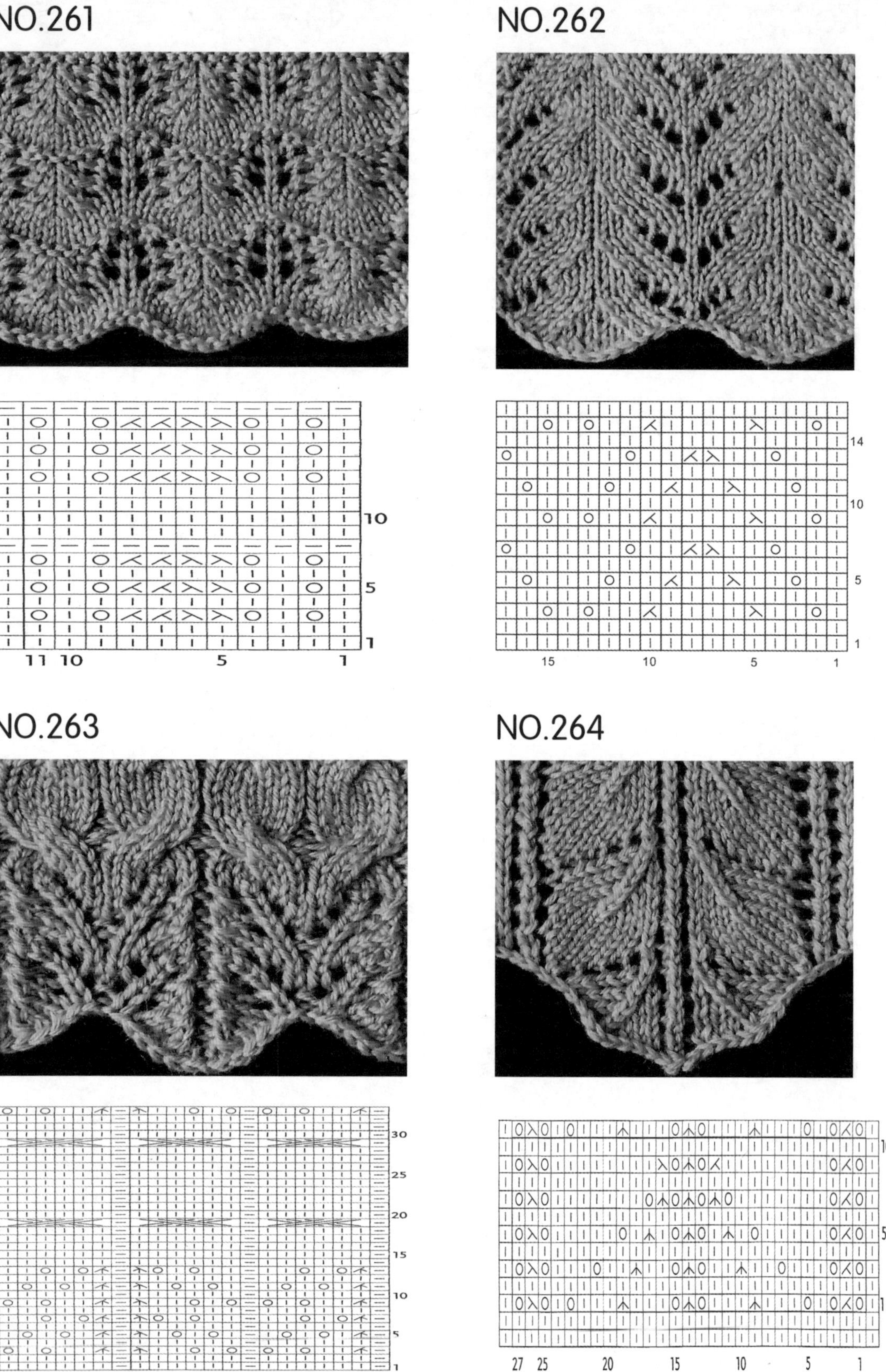

NO.261

11 10 5 1

NO.262

15 10 5 1

NO.263

14 10 5 1

NO.264

27 25 20 15 10 5 1

NO.265

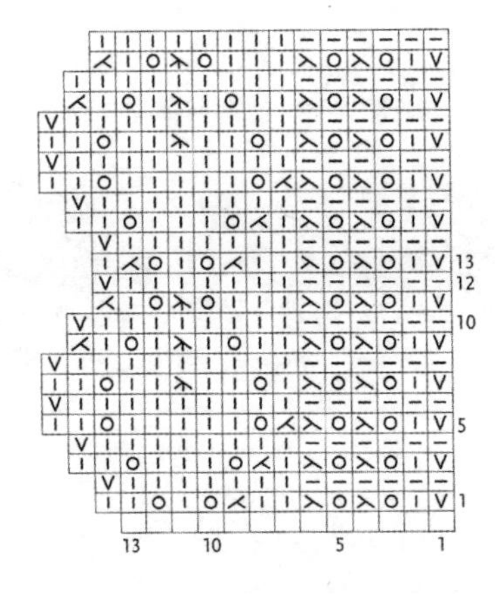

NO.266

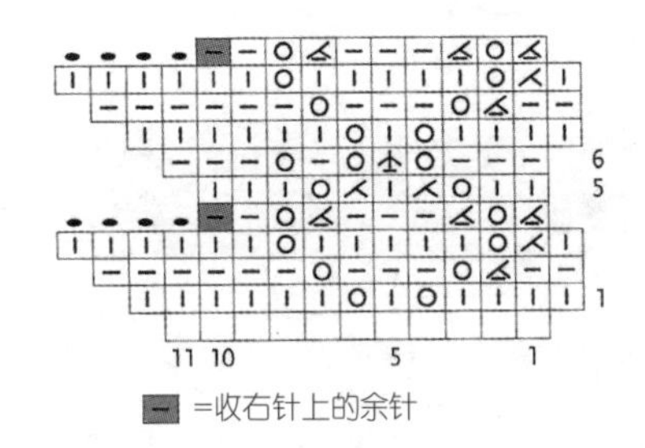

▬ =收右针上的余针

NO.267

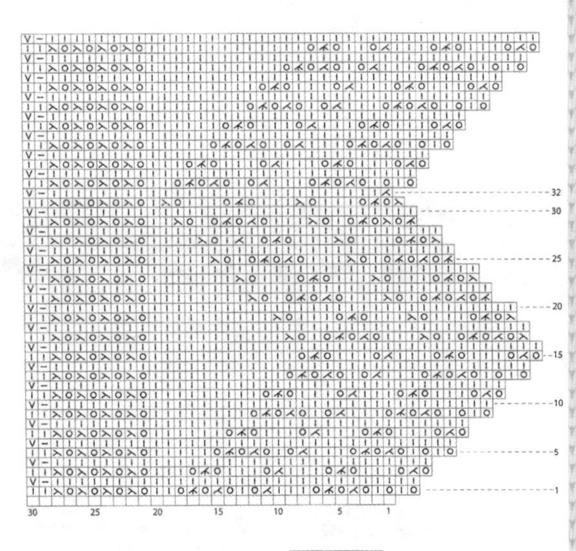

NO.268

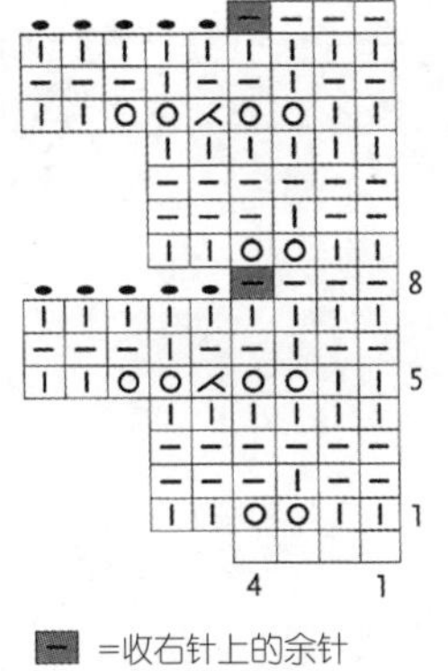

▬ =收右针上的余针

NO.269

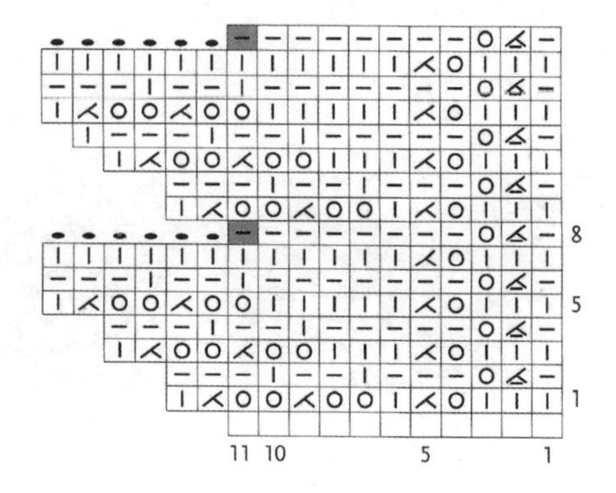

NO.270

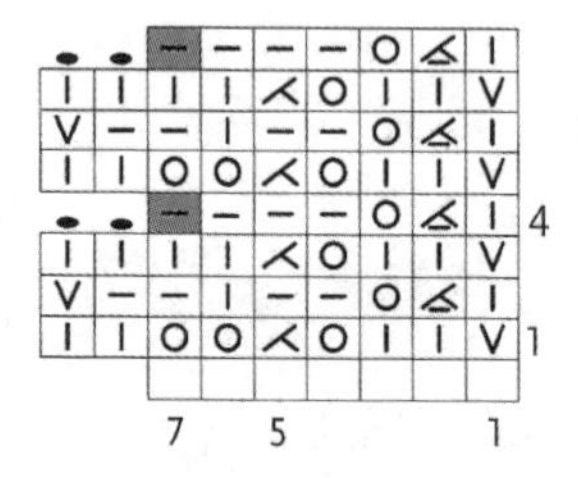

NO.271

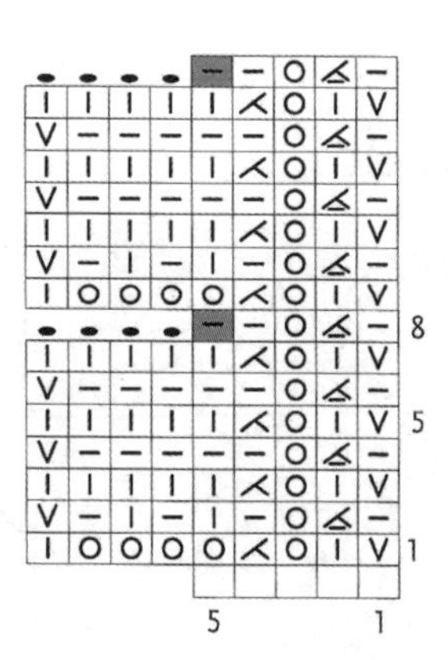

NO.272

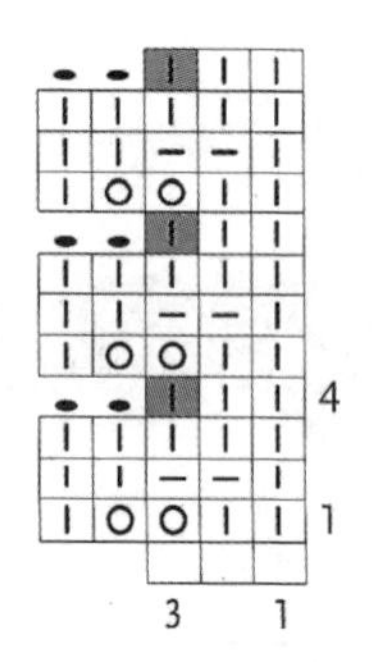

NO.273

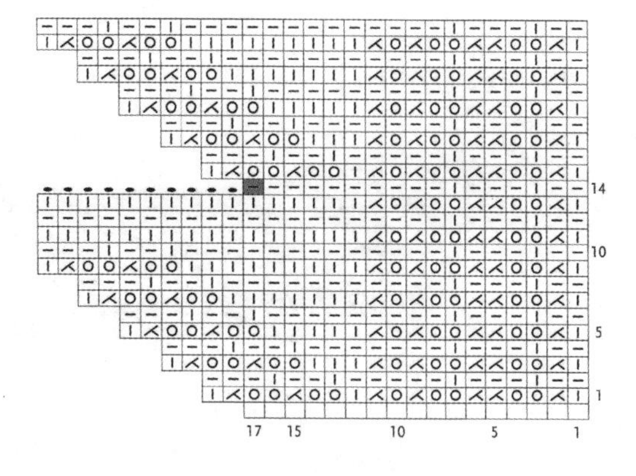

NO.274

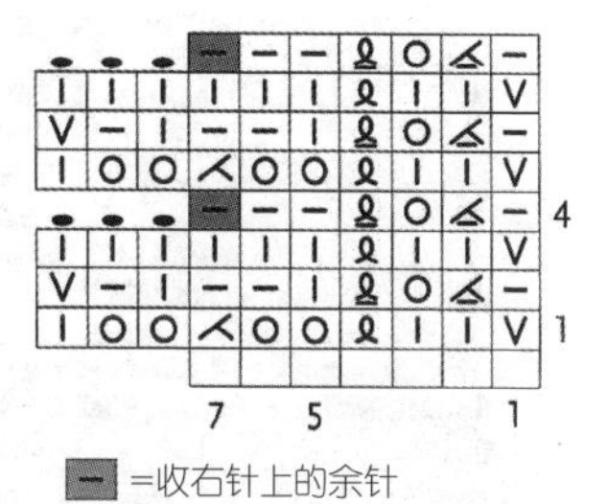

▬ =收右针上的余针

NO.275

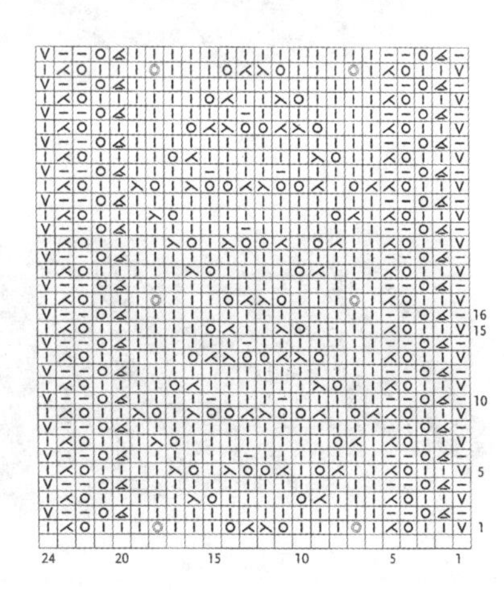

NO.276

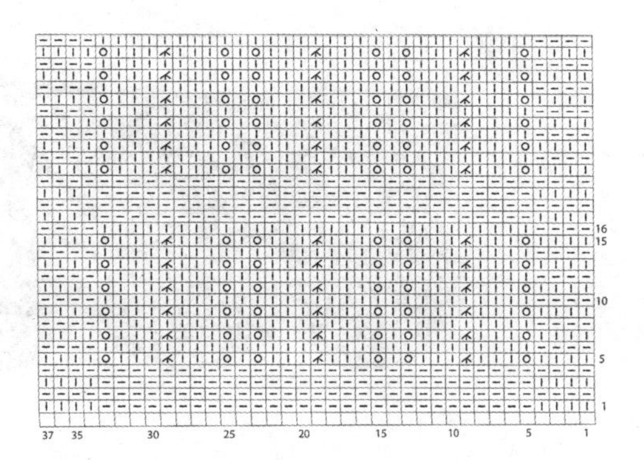

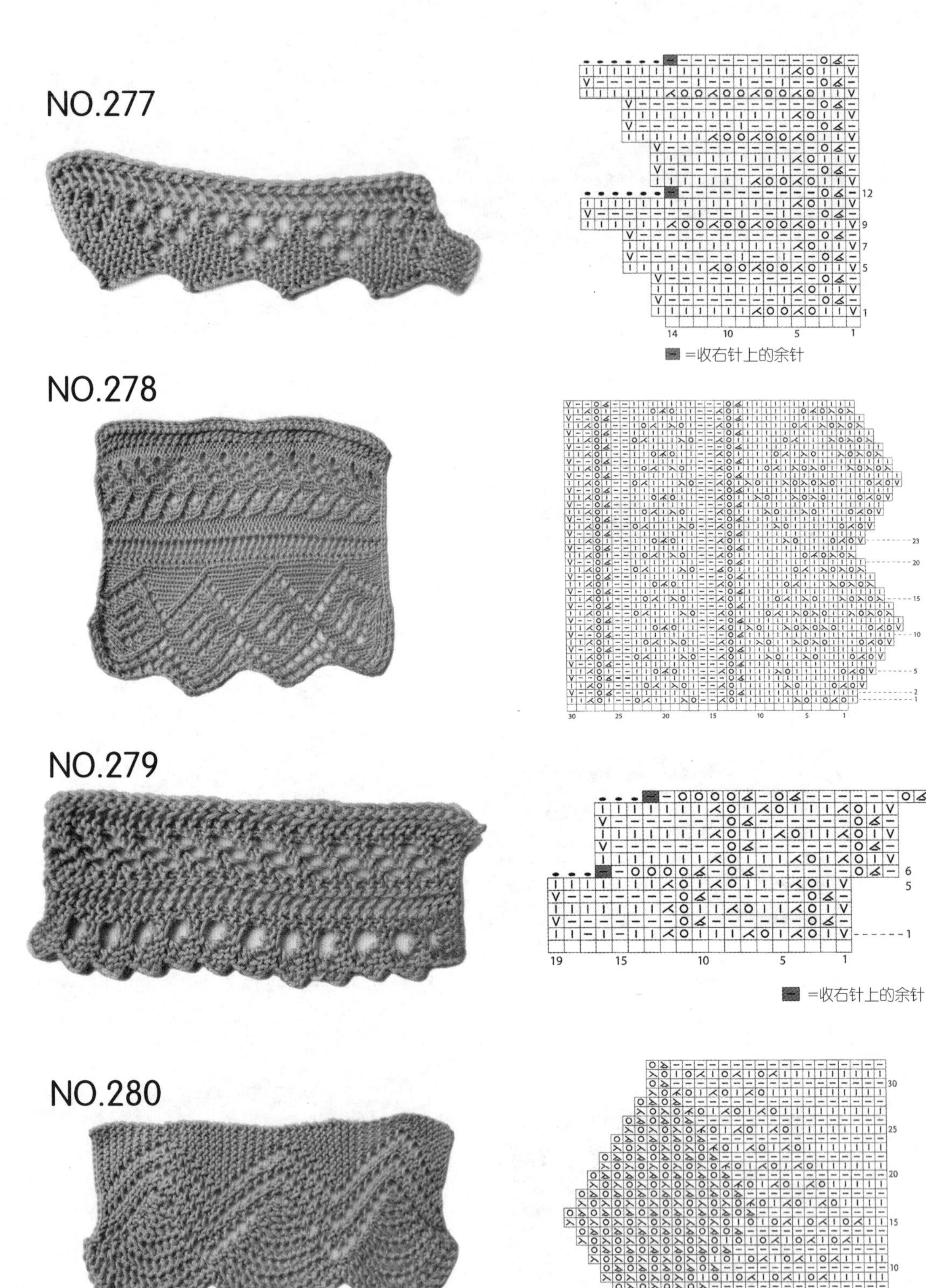
NO.277
=收右针上的余针
NO.278
NO.279
=收右针上的余针
NO.280

NO.281

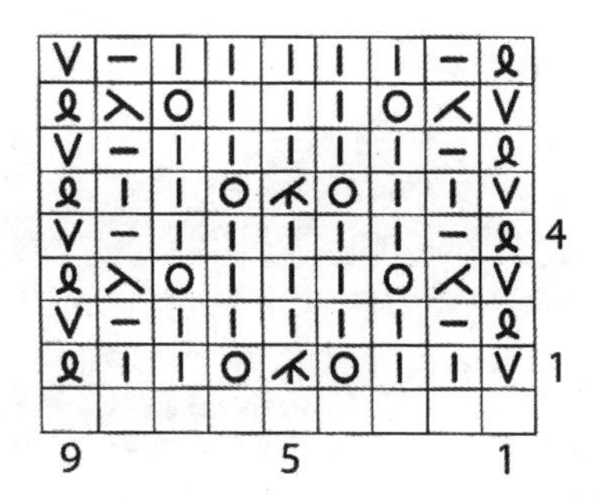

NO.282

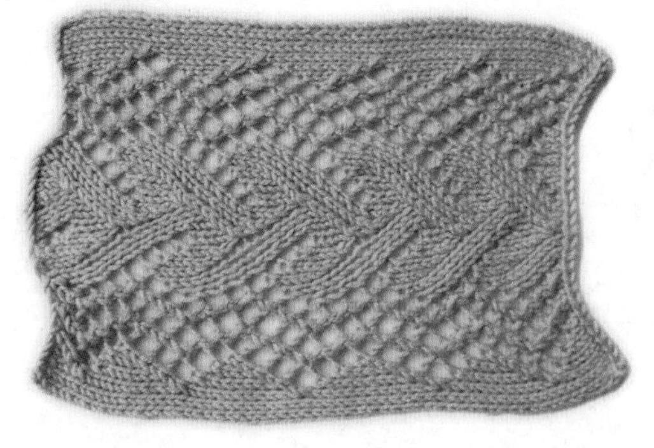

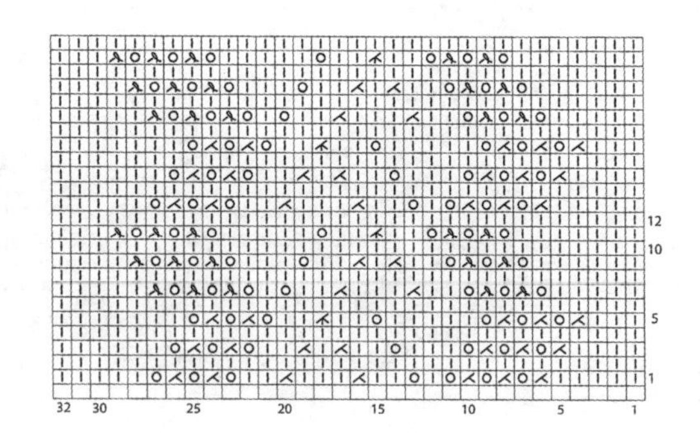

NO.283

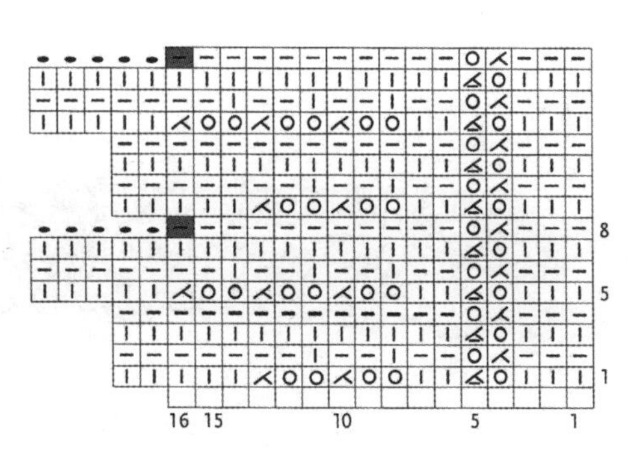

NO.284

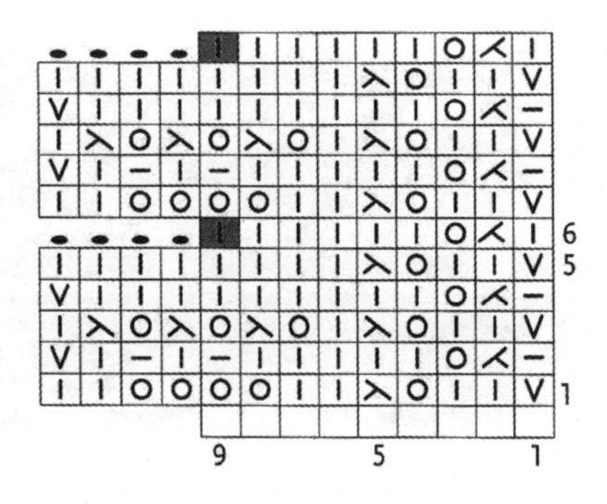

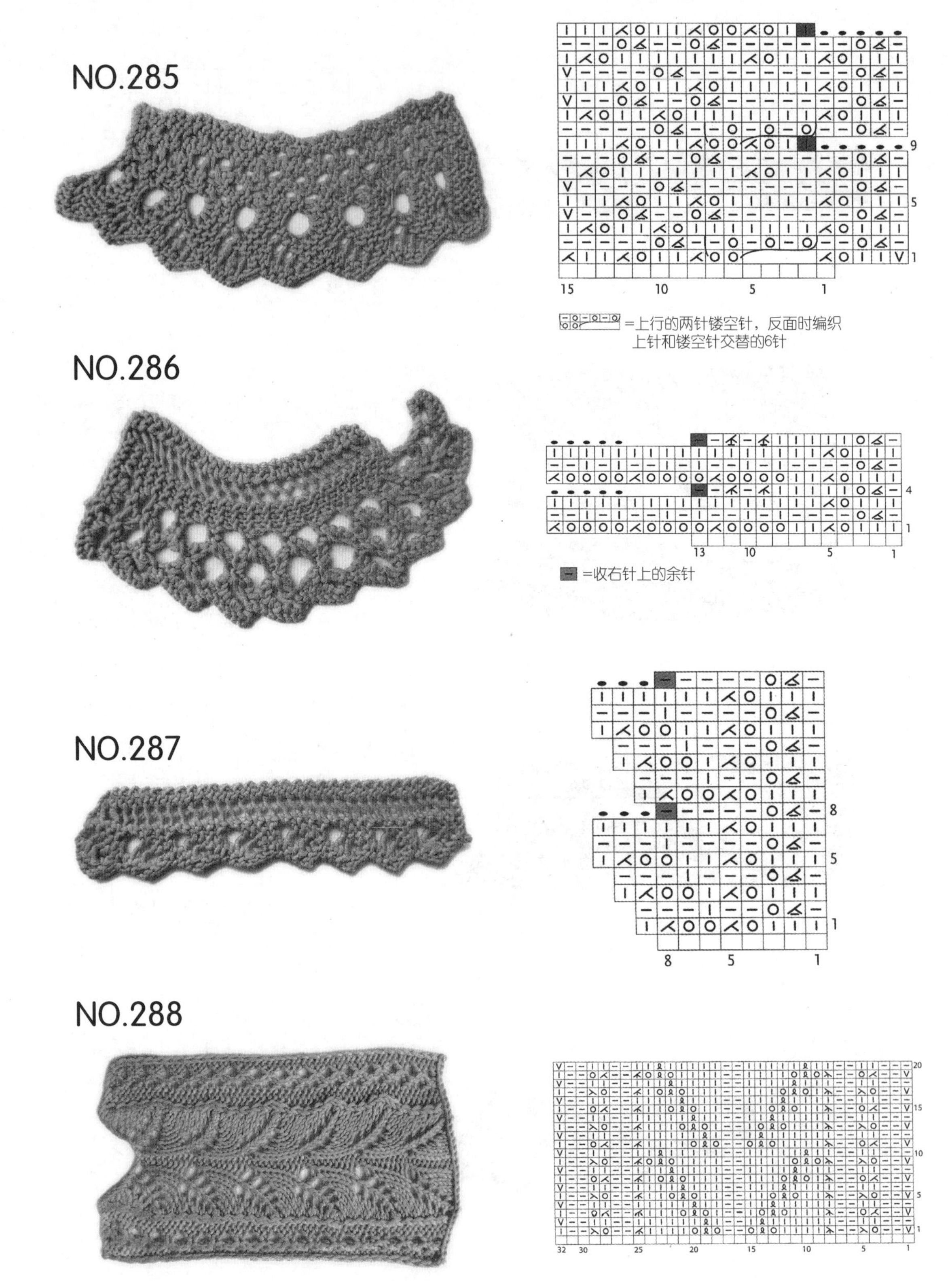
NO.285
=上行的两针镂空针，反面时编织
上针和镂空针交替的6针
NO.286
=收右针上的余针
NO.287
NO.288

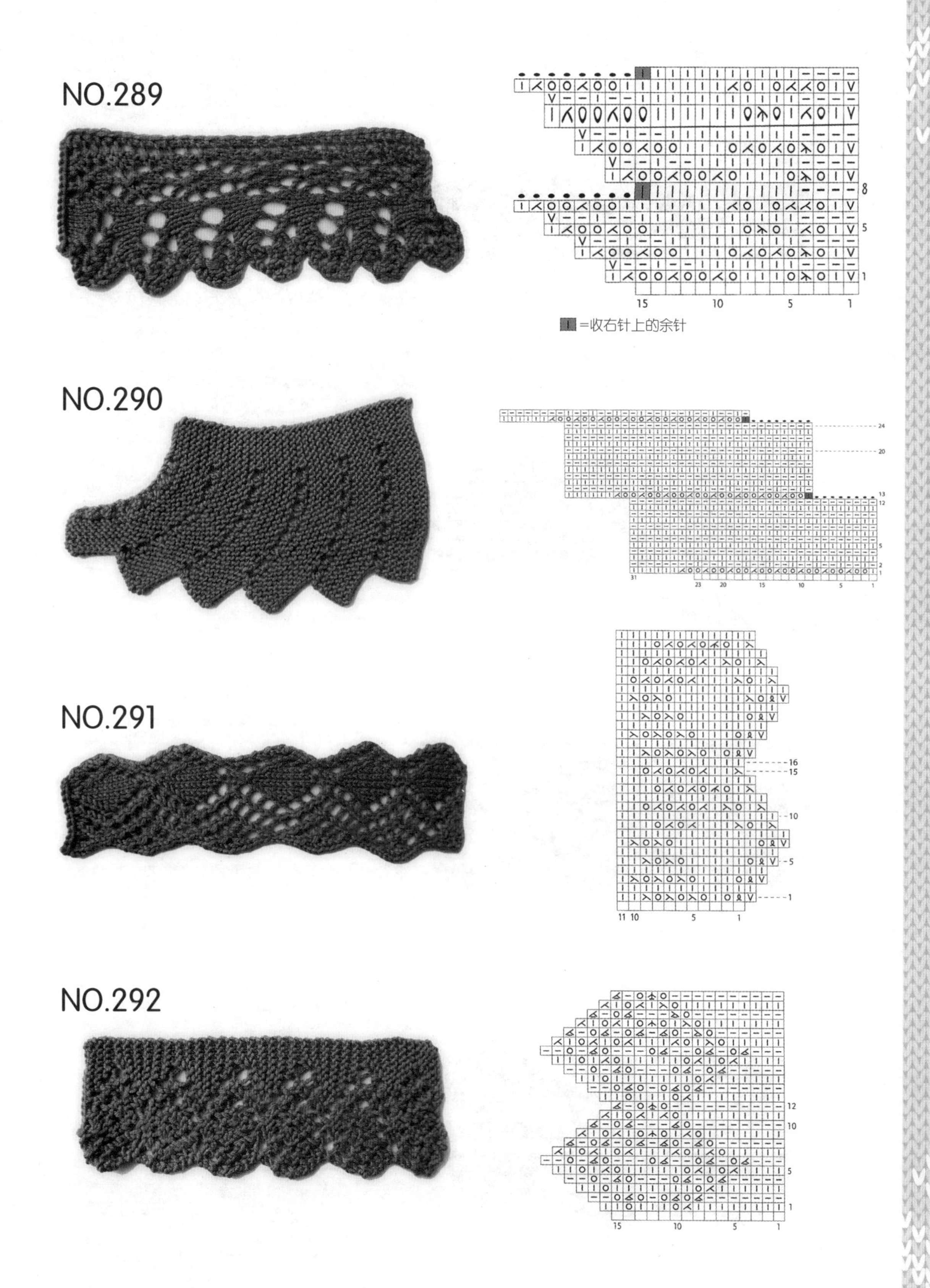
NO.289
=收右针上的余针
NO.290
NO.291
NO.292

NO.293

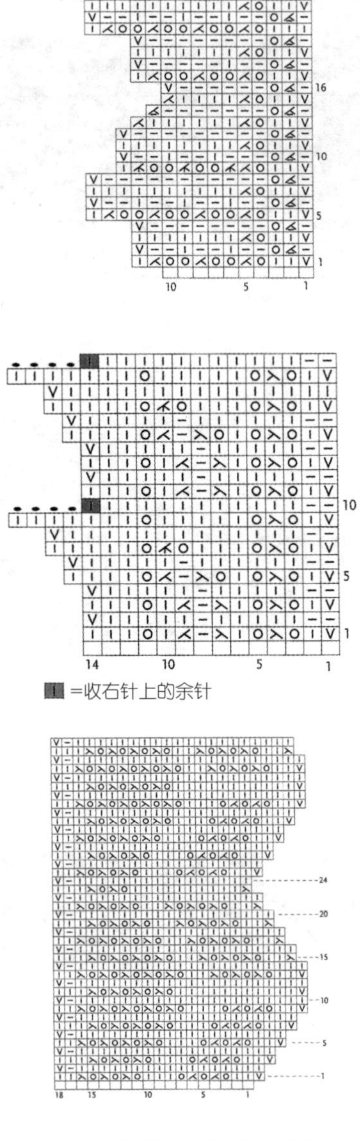

NO.294

NO.295

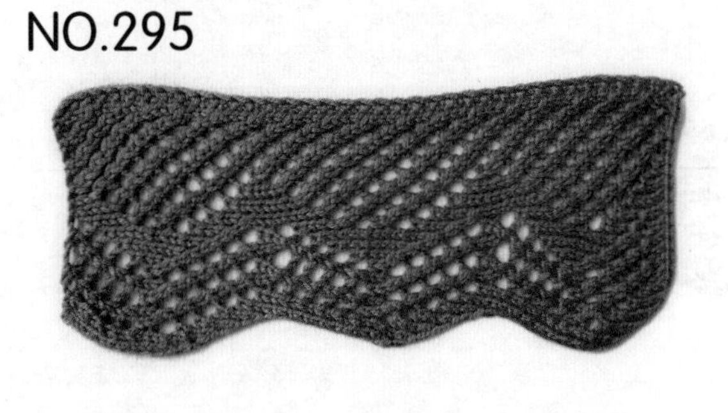

NO.296

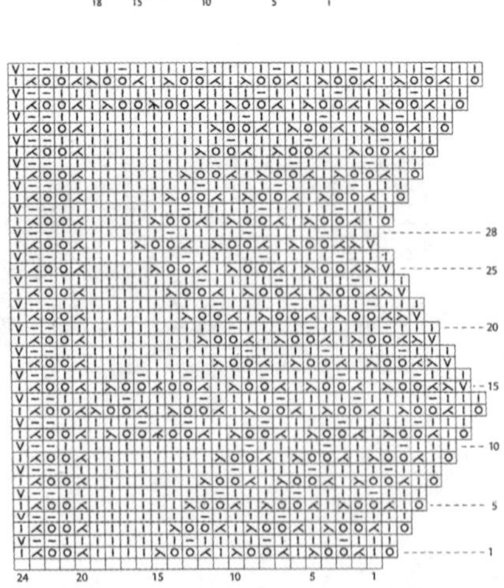

第六章

花样的运用

NO.297

将菱状镂空花样用作衣身，显得乖巧活泼。

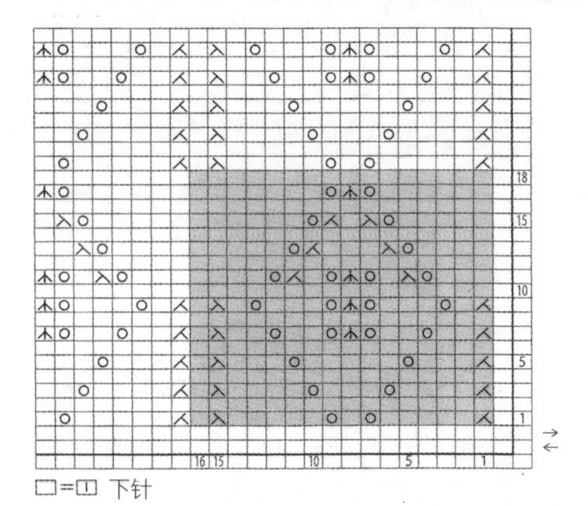

□=□ 下针

NO.298

将V字镂空加竖条纹用作衣袖和衣领，给人的感觉很淑女。

□=□ 下针

NO.299

将条状镂空用作衣身和衣袖，使人感觉慵懒而柔和。

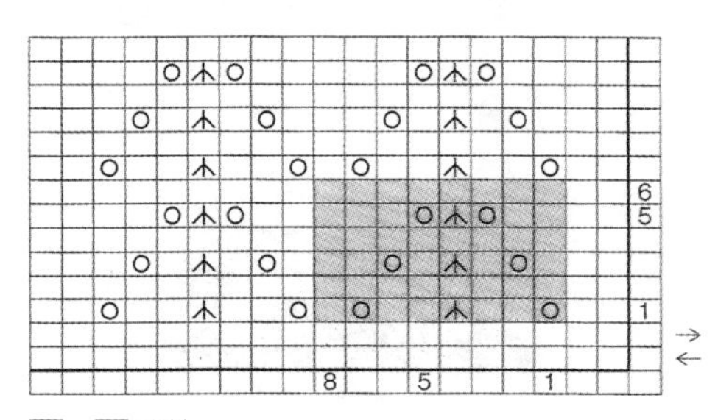

□=□ 下针

NO.300

将波浪纹镂空花样用作花边领，显得俏皮可爱。

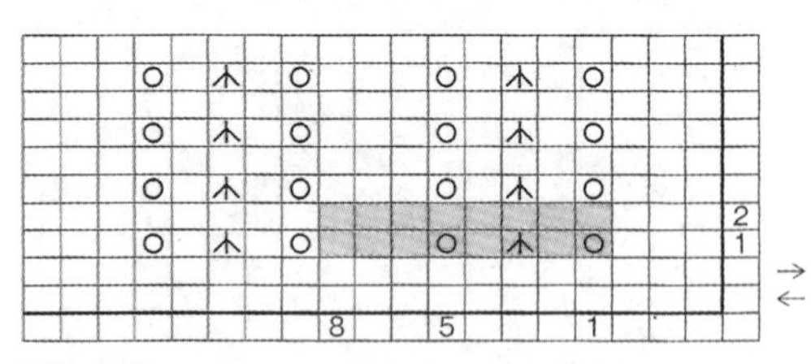

□=□ 下针

NO.301

将螺旋花样用作衣身和衣袖，显得端庄矜持。

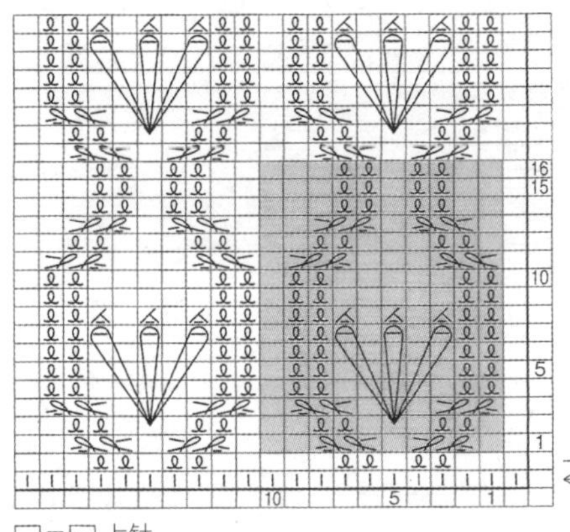

□=⊟ 上针

NO.302

将条状贝壳式花样用作衣服下摆，整齐的视觉效果让人倍感舒适。

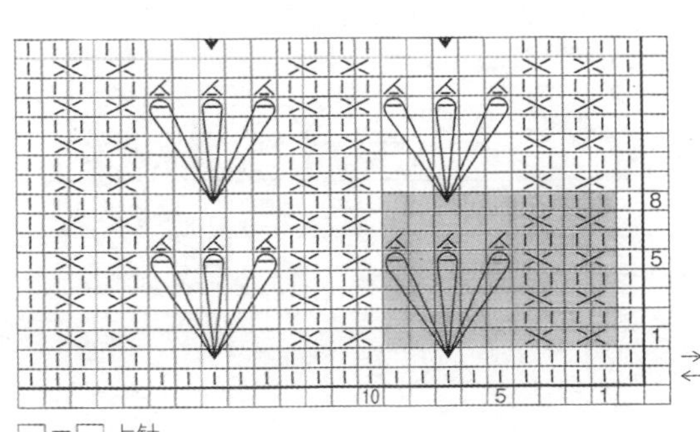

□=⊟ 上针

NO.303

将辫子状花样用作衣袖，使人感觉沉稳而又亲和。

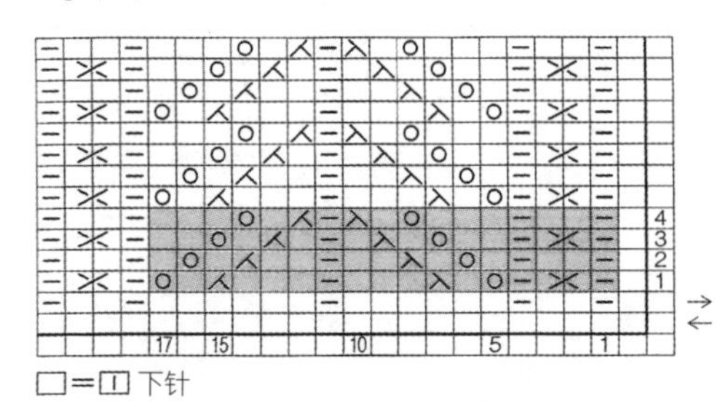

□=□ 下针

NO.304

将树丫状花样用作衣摆，增添俏皮感。

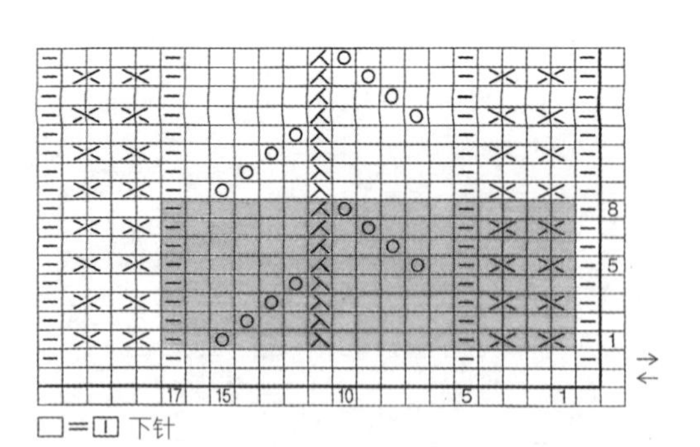

□=□ 下针

NO.305

将菱形间隔麻花的花样用作衣身，多种花样交织形成丰富多变的样式，十分活泼。

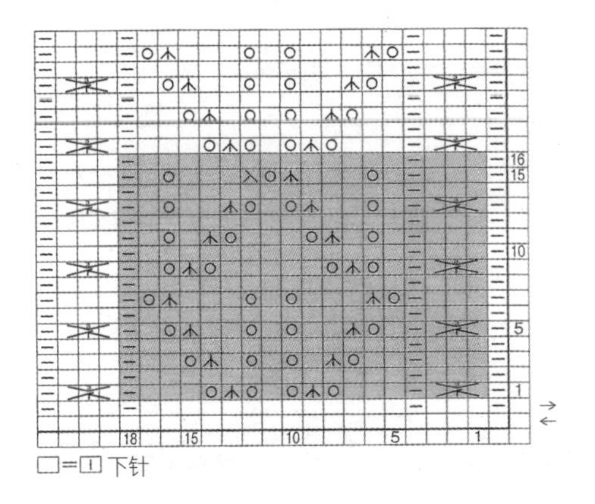

NO.306

V字镂空间隔波浪纹的花样暗藏心机，用作下摆再合适不过了。

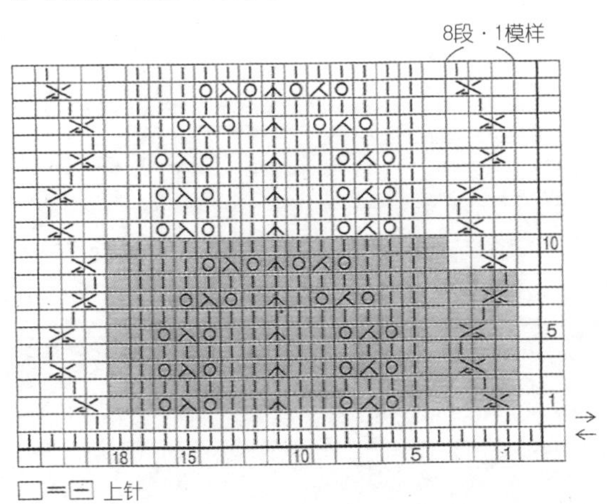

NO.001 假两件翠绿女衫

彩图见第4页

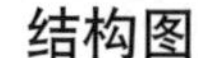

材料：中粗绿色毛线495g、湖蓝色毛线15g

工具：8号、10号棒针

成品尺寸：胸围118cm、衣长49cm、肩袖长57.5cm

编织密度：平针编织 15针×21行/10cm

花样编织 15针×24行/10cm

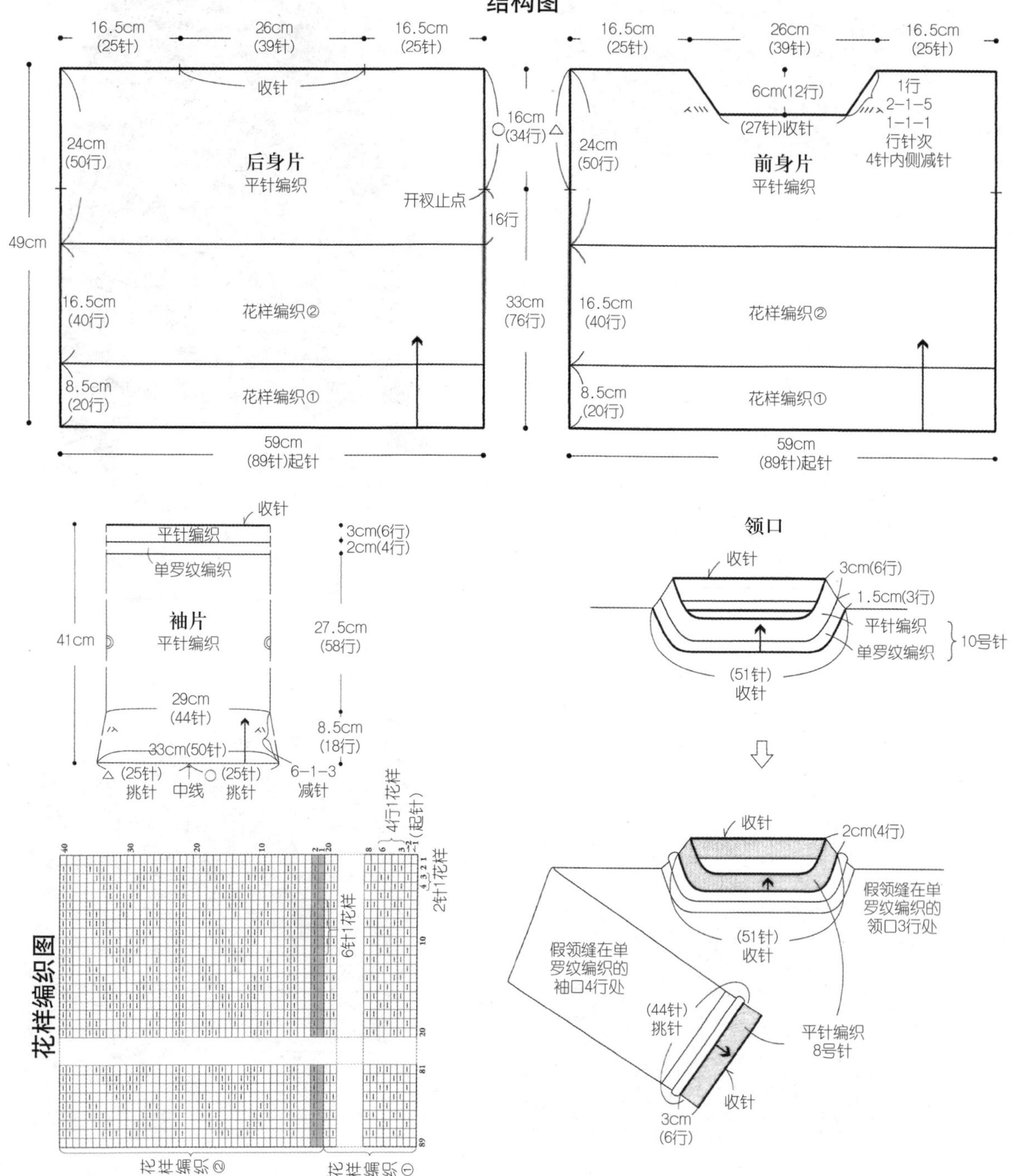

NO.66 修身麻花长袖套头毛衣

彩图见第 21 页

材料：中细黄色毛线430g

工具：5号棒针、4/0号钩针

成品尺寸：胸围92cm、背肩宽35cm、衣长54cm、袖长53cm

编织密度：花样编织 23针×30行/10cm

结构图

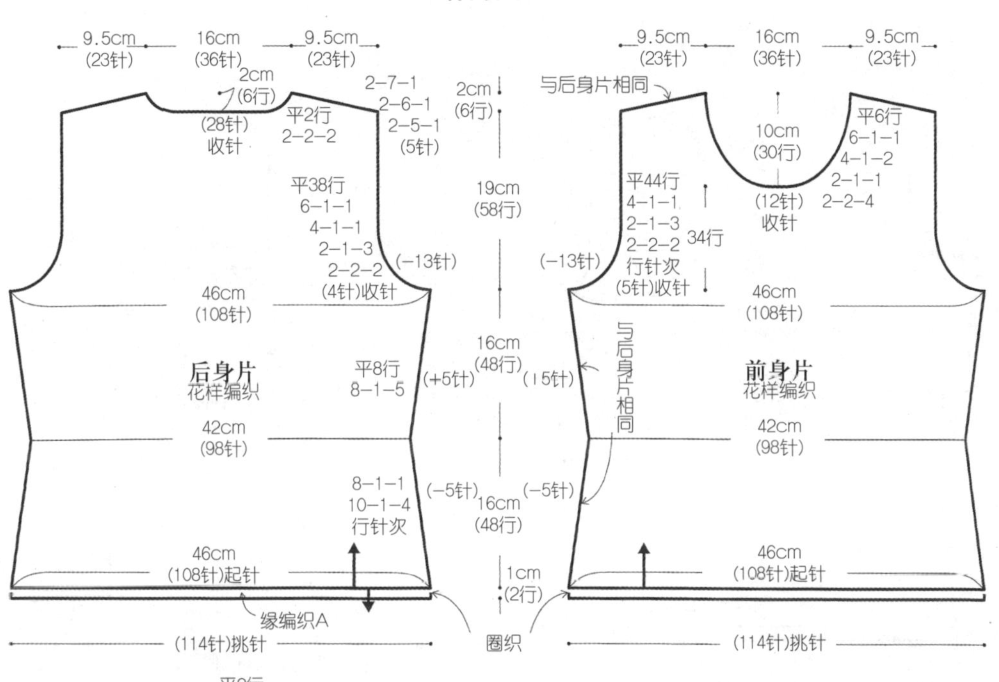

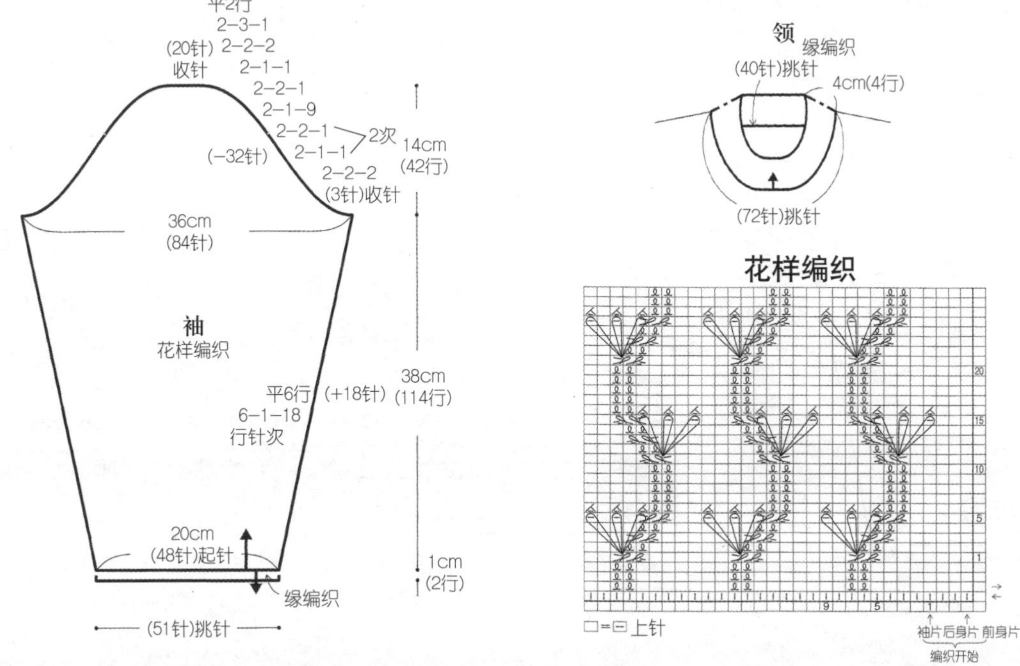

NO.123 优雅镂空开衫

彩图见第 38 页

材料：中细白色毛线300g

工具：6号棒针、7号棒针，5/0号钩针

成品尺寸：胸围95.5cm、背肩宽35cm、衣长57cm、袖长52cm

编织密度：花样编织 24针×23行/10cm

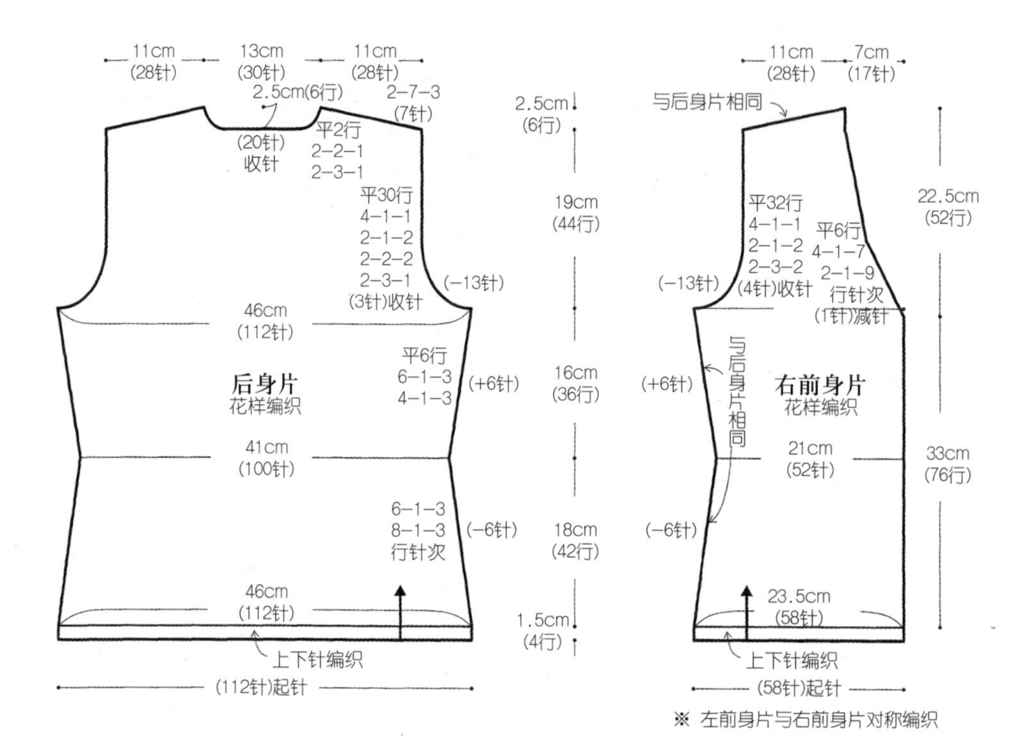

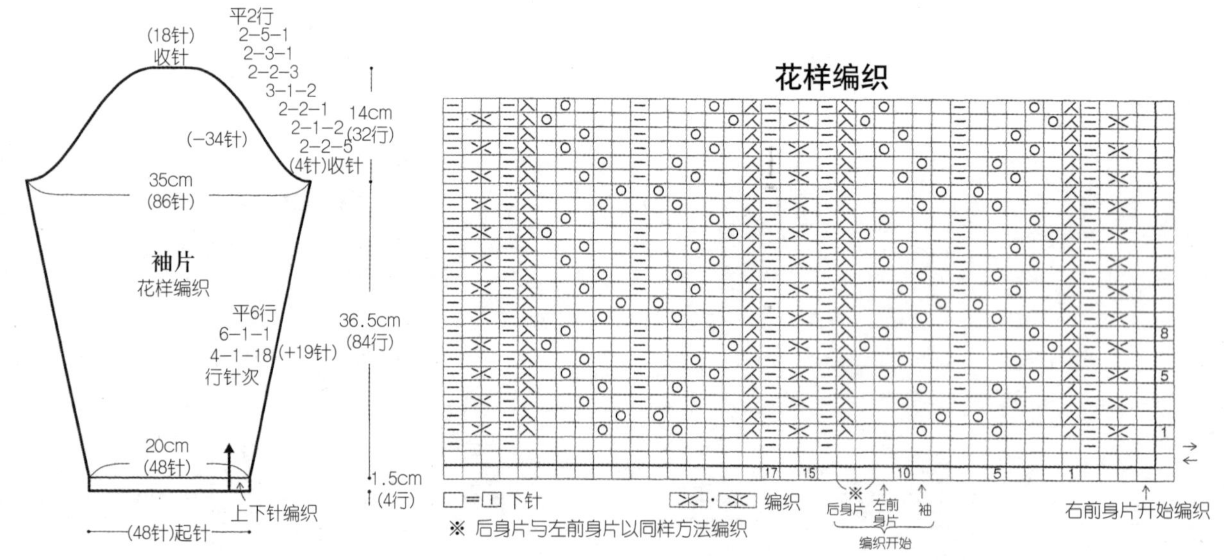

NO.176 恬静条纹拼色开衫

彩图见第 53 页

材料：中粗蓝紫色毛线330g、红色毛线45g、灰色毛线280g

工具：5号棒针、6号棒针，6/0号钩针

成品尺寸：胸围99cm、背肩宽35.5cm、衣长51cm、袖长51cm

编织密度：平针编织、配色花样编织 20.5针×27.5行/10cm

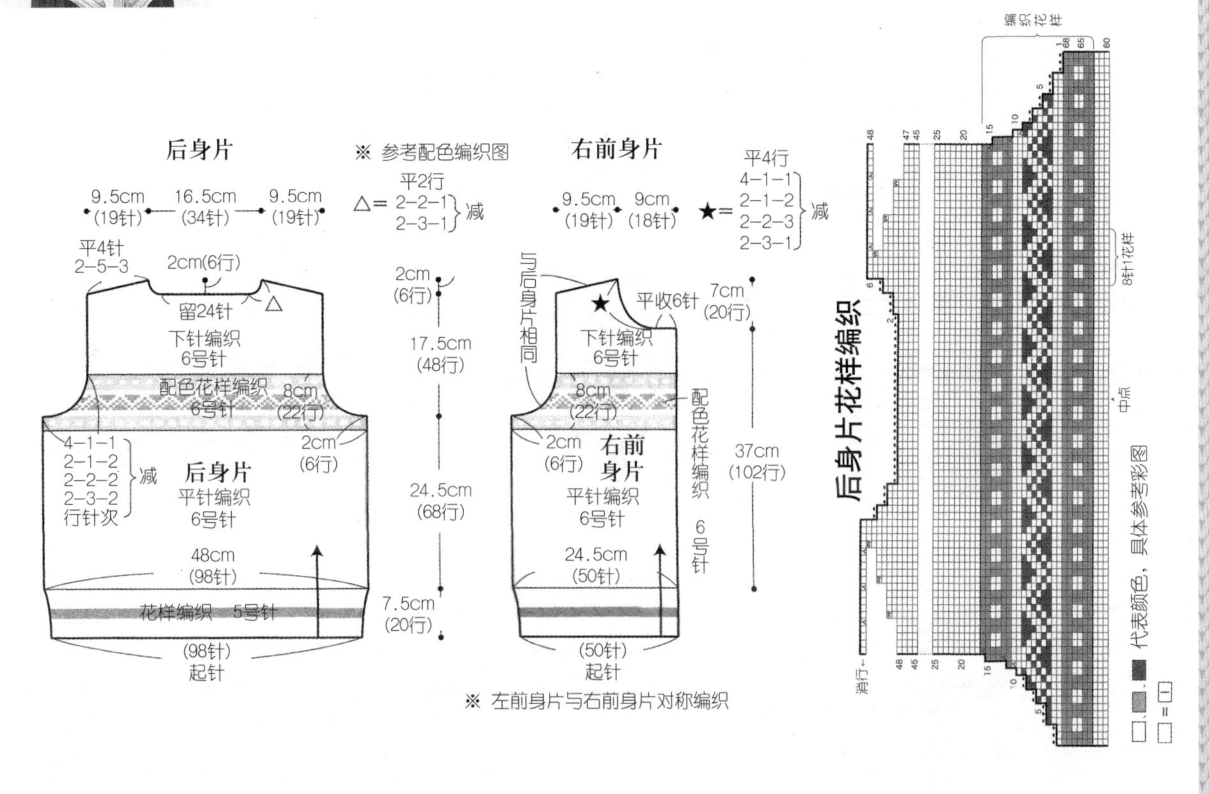

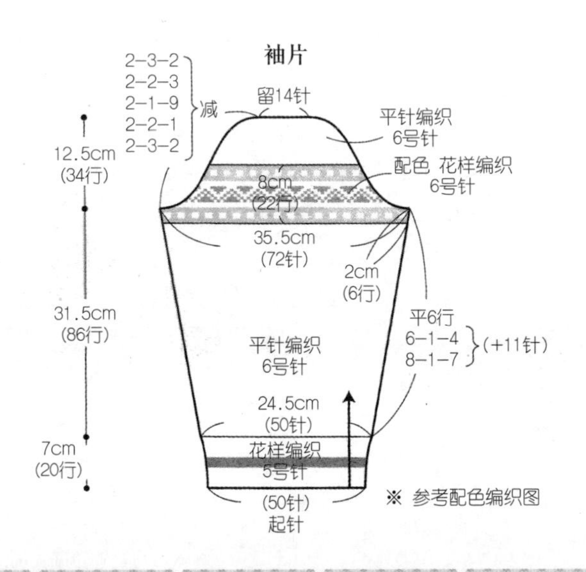

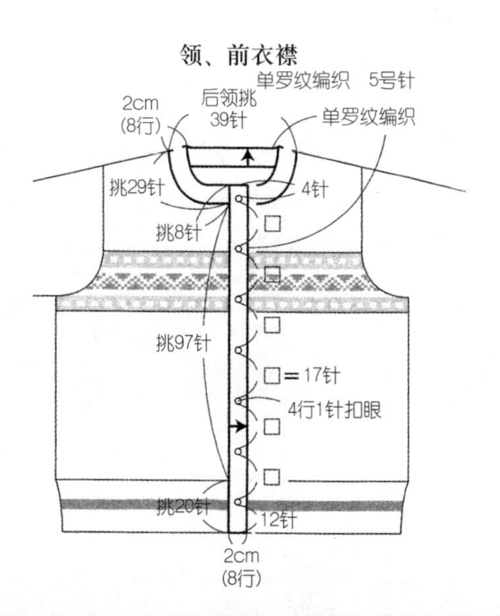

NO.228 粉色荷花领套头衫

彩图见第 69 页

材料：中细粉红色毛线350g

工具：6号、7号、8号、9号棒针，5/0号钩针

成品尺寸：胸围92cm、背肩宽35cm、衣长59cm、袖长52cm

编织密度：花样编织A 22针×24行/10cm

花样编织B 20针×30行/10cm

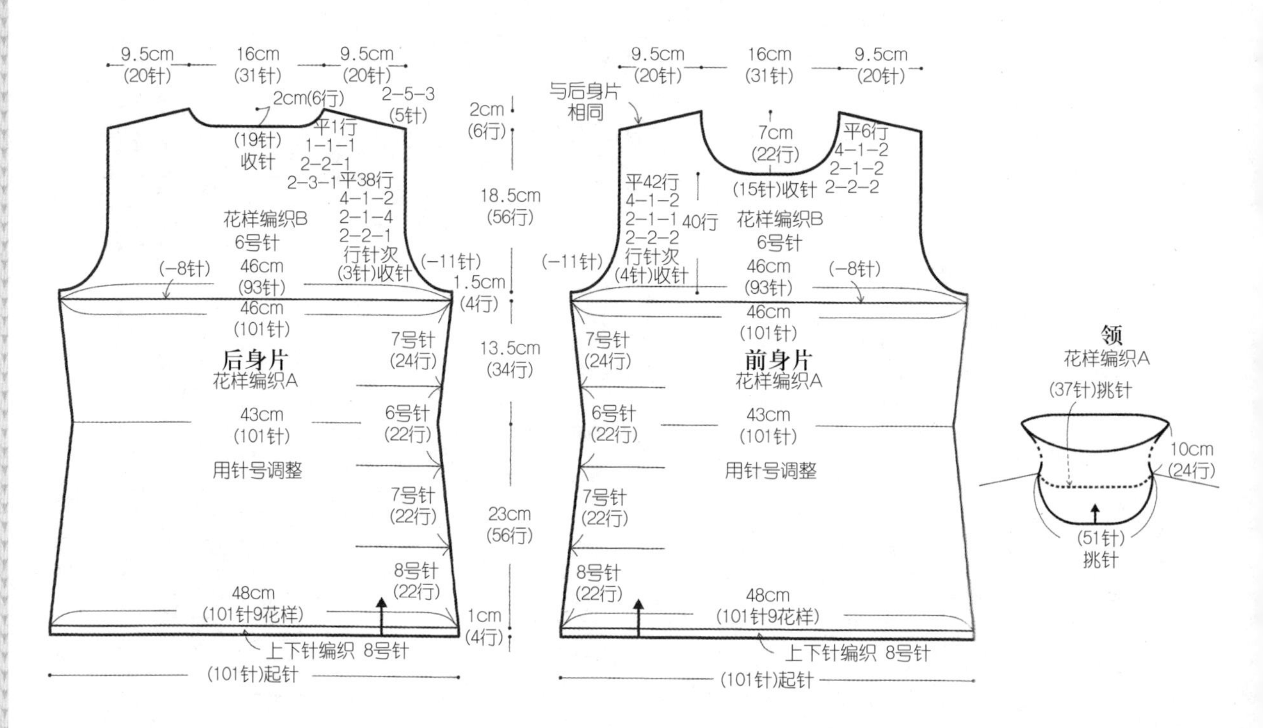

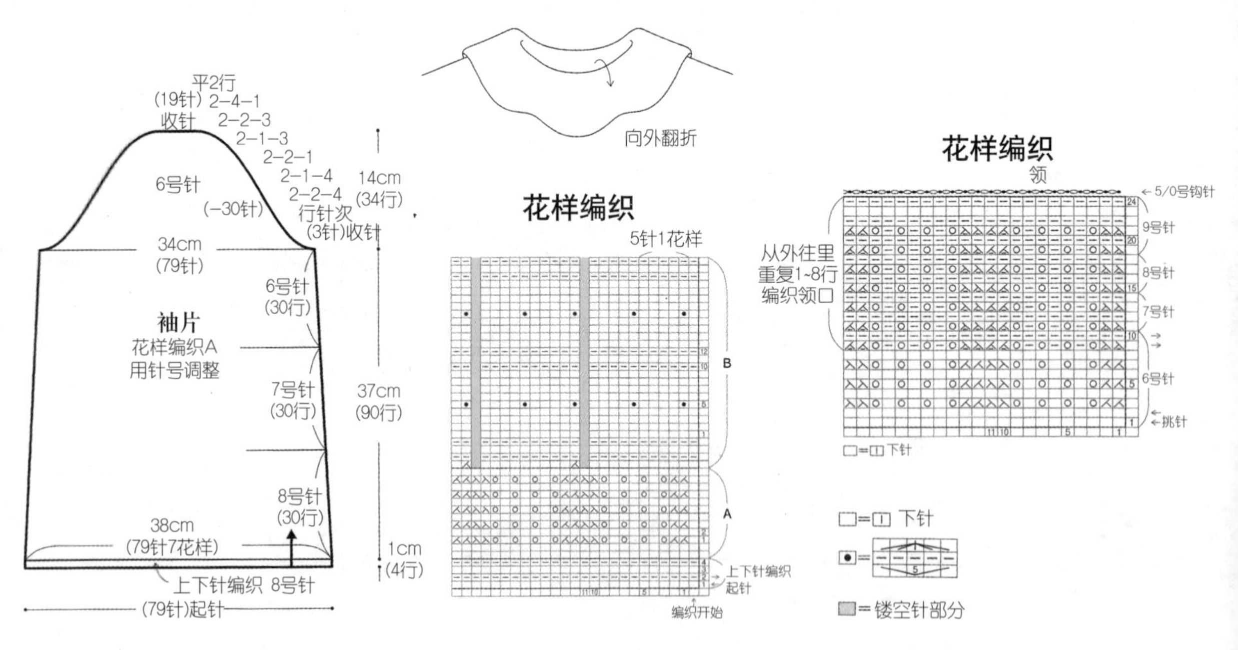